勸敗行

懂聊才叫懂行銷

及時讚美×推拉行銷×適當施壓
讓顧客快樂包色的銷售話術

黃榮華
周瑩瑩 著

10個銷售法則×10種銷售技巧
＝100%的成交結果！

銷售，不是賣出去就好。
銷售菁英賣的，除了商品，更是他自己的人生！

如果你打算成為，或正在成為銷售大師的路上，
那麼千萬不要錯過這本顛覆你三觀的銷售聖經！

崧燁文化

目錄

前言

銷售菁英必備的職業修養

銷售菁英必備的銷售心態

目錄

銷售菁英必備的心理素養

銷售菁英一定要懂心理學

銷售菁英必知的銷售技巧

目錄

銷售菁英必知的收款賽局

前言

銷售就是介紹商品所提供的利益，以滿足客戶特定需求的過程。銷售，是一項充滿著渴望和夢想的職業；同時也是挑戰與機遇並存的事業；成為銷售人員比較容易，但成為銷售菁英卻沒有那麼簡單。

銷售是入行門檻較低的行業，但同時也是發展潛力巨大、容易取得輝煌業績的行業！當然銷售的前景是美好的，但競爭卻是殘酷的。在你的周圍是否經常出現這樣的情況：有一些人總能擁有很好的銷售業績，或是擁有很好的銷售能力，或是擁有很好的銷售收入，他們一直是眾人羨慕和關注的焦點，是銷售行業的佼佼者。而你卻一直是銷售業績平平、收入可憐，是什麼原因造成了這樣的差別呢？

據相關調查，在銷售領域，職場「八二法則」同樣適用。也就是說，20%的「銷售菁英」擁有 80%的銷售成果。那 80%的銷售員之所以業績不佳，並非都源於實力不濟，往往是由於缺乏一些看似簡單而實則深奧的技巧。所以，你根本沒有必要羨慕那些銷售菁英，因為羨慕他們並不會讓你跟他們一樣擁有他們所擁有的。如果你也想和他們一樣成為銷售菁英，在銷售行業有所作為、出人頭地，就不能夠抱有任何幻想，唯有多學習一些銷售本領！

銷售大師博恩．崔西（Brian Tracy）說：「在關鍵領域，能力的細微差別會產生截然不同的後果……你的銷售技能只要進步一點點，就能促使業績大大提升。」世界上沒有天生的銷售菁英，任何一個銷售菁英一定都是透過訓練之後才成長起來的，因為銷售本來就是一門專業的學問。既然是專業的學問，如果不透過學習怎麼可能學得會呢？即使你是一個絕頂聰明的人也不可能因僥倖而獲得這樣的專業和專長，因此，任何一個銷售人都不需要只是流於羨慕別人，因為你一樣也可以透過學習而成為銷售菁英。

前言

本書歸納並總結了銷售人員應該學習的銷售知識，濃縮了眾多銷售菁英的成功之道。內容涵蓋了銷售領域的各個方面，讓銷售人員對於整個銷售過程有一個全面、系統性、專業的認知，使其明白銷售的真工夫所在，培養其對銷售工作的正確理解和熱愛，傳授其做好銷售工作的各種實戰方法，為銷售人員提供借鑑，幫助銷售人員快速參透銷售祕訣，激勵其立志成為一名職業銷售菁英！

銷售菁英必備的職業修養

在銷售業內有句流行語：「四流的銷售員賣價格，三流的銷售員賣產品，二流的銷售員賣服務，一流的銷售員賣自己。」華人成功學大師陳安之也說過，賣產品不如賣自己，這也道出了一個合格銷售人員應該達到的日標和具有的素養。身為銷售人員，成功地銷售產品之前，要先把自己成功地銷售出去。只有讓客戶肯定你，他們才更容易肯定你的產品。把自己銷售出去，你就成功了一半！

先銷售自己，再銷售商品

在人生的舞臺上，我們每個人都是銷售員，每個人的一生都要在「銷售」中度過。若想實現自己的目標，都必須具備向他人進行自我銷售的能力。只有透過有效的自我銷售，才能實現自己的理想，才能取得最後的成功。

某公司的經理登報招聘一名辦公室工讀生。約有五十多人前來應聘，但這位經理只挑中了一個男孩。

「我想知道，」他的一位朋友說，「你為何喜歡那個男孩？他既沒帶一封介紹信，也沒有任何人推薦。」

「你錯了，」這位經理說，「他帶來許多介紹信。他在門口蹭掉了腳下帶來的土，進門後隨手關上了門，說明他做事小心仔細；當他看到那位身障老人時，就立即起身讓座，表明他心地善良、體貼別人；進了辦公室他先脫去帽子，回答我的提問時乾脆果斷，證明他既懂禮貌又有教養；其他人都從我故意放在地板上的那本書上跨過去，而這個男孩卻俯身拾起它並放回桌子上；他衣著整潔，頭髮梳得整整齊齊，指甲修得乾乾淨淨。難道你不認為這些就是最好的介紹嗎？」

當然，這則故事中那位經理觀察人的藝術是很值得稱道的。但是，那位男孩的一言一行，確實很成功地將自己「銷售」了出去。他在這些細節上的所作所為，比長篇大論要好得多。

由此可見，透過自己的禮貌、和善可親和考慮周到的行為舉止，使遇見自己的人願意敬重你、喜愛你的能力，就是將自己很好地銷售出去的重要手法。求職面試如此，銷售商品也是如此。懂得銷售自己，善於銷售自己是銷售人員必須掌握的一項生活技能。

銷售行業是人與人打交道的事業，是你主動尋找顧客的事業，如果消費者連你這個人都無法接受、信賴，他更不可能成為你的顧客，所以在銷售行業中有句名言：「銷售人員在銷售出自己的產品之前，首先銷售的應該是自己！」

被稱為汽車銷售大王的金氏世界紀錄創造者喬．吉拉德（Joseph Samuel Gerard），曾在一年中銷售汽車 1,600 多部，平均每天將近 5 部。他去應聘汽車銷售員時，經理問他：「你銷售過汽車嗎？」吉拉德回答說：「我沒有銷售過汽車，但我銷售過日用品、家用電器。我能成功地銷售它們，說明我能成功地銷售自己。我能將自己銷售出去，自然也能將汽車銷售出去。」

銷售是一門藝術，做銷售，要懂得如何銷售自己，才能銷售你的產品。

將自己銷售給別人是你成功銷售的第一步，你要注意的是你留給別人的第一印象是不是足夠好。

李嘉誠在當銷售員的時候，就特別注意銷售自己。他認為，一個優秀的銷售員，在銷售產品的同時，更要注重銷售自己。在銷售的過程中，李嘉誠發現當好銷售員必須十分注意自己的包裝。他覺得產品需要包裝，而銷售員就更應該包裝。而銷售員的包裝，服裝是其一，還包括言談舉止、行為修養。

於是，李嘉誠開始全方位包裝自己。他對自己的高標準是要具有紳士風度。雖然李嘉誠當時收入不高，家庭負擔很重，而且他還有更大的抱負，要存錢創業，但是，李嘉誠十分重視自己的儀表修飾。他的服裝既不新又非名牌，但相當整潔。他對自己的行為有一個簡單而又包羅萬象的衡量標準，就是讓任何人都能產生好感。

李嘉誠先生給人的印象就是那麼的謙和、穩重、誠懇、和氣、值得信任，這也是他成功致富的法寶之一。

由此可見，銷售自己是一種才華、一種藝術。有了這項才華，你就不愁吃穿了，因為當你學會銷售自己，你幾乎可以銷售任何值得擁有的東西。

你的個人形象價值連城

你給人的第一印象是什麼？一個銷售人員的外在形象反映著他內心的涵養，倘若別人不信任你的外表，你就無法成功地銷售自己。一個擁有整潔外貌的銷售員更容易贏得別人的信任和好感。

一個人的內在價值、個性行為等等固然重要，但別人要經過長時間的交往才能評斷，最直接且最迅速造成印象的則是你的外表。而你的穿著打扮和身體動作則是決定你外表形象的重點。你是否受到談話對象的重視、尊敬、好感或者是反感，看外表差不多就能確定了。

在銷售活動中，最先映入顧客眼簾的是銷售人員的衣著服飾。一般來說，衣著打扮能直接反映出一個人的修養、氣質和情操。穿戴整齊、乾淨俐落的銷售人員容易贏得顧客的信任和好感；而衣冠不整的銷售員會讓顧客留下辦事馬虎、懶惰、糊塗的印象。

有心理學家做過關於外表影響力的實驗，清楚的說明了問題。兩位男士，一位衣裝筆挺，另一位穿沾滿油汙的工人服，在行人穿越道的紅燈亮起而無過往車輛的時候穿越馬路，結果，跟隨衣著筆挺者的群眾遠遠高於後者。美國一項調查也顯示，80%的顧客對銷售員的外表不佳持反感態度。

下面是一位經銷商講的一個故事：

A 公司是國內很有競爭力的公司，他們的產品品質優秀，進入食品加工業已有一年，銷售業績不錯。

經銷商說：「有一天，我的祕書打電話告訴我 A 公司的銷售人員約見我。我一聽是 A 公司的就很感興趣，聽客戶講他們的產品品質不錯，我也一直沒時間和他們聯繫。沒想到他們主動上門來了，我就告訴祕書讓他下午 3:00 到我的辦公室來。」

「3:10 我聽見有人敲門，就說請進。門開了，進來一個人。穿一套舊的皺皺巴巴的淺色西裝，他走到我的辦公桌前說自己是A公司的銷售員。」

「我繼續打量著他，羊毛衫，打一條領帶。領帶飄在羊毛衫的外面，有些髒，好像有油汙。黑色皮鞋，沒有擦，看得見灰土。」

「有好長一段時間，我都在打量他，心不在焉，腦筋一片空白。我聽不清他在說什麼，只隱約看見他的嘴巴在動，還不停地放些資料在我面前。」

「他介紹完了，沒有說話，安靜下來。我一下子回過神來，我馬上對他說把資料放在這裡，我看一看，你回去吧！」

「就這樣我把他打發走了。在我思考的那段時間裡，我的心裡沒有接受他，本能地想拒絕他。我當時就想我不能跟A公司合作。後來，另外一家公司的銷售經理來找我，一看，與先前的那位銷售人員簡直是天壤之別，精明能幹，禮貌周到，我們就合作了。」

服飾對銷售員而言，也可以說是銷售商品的外包裝。包裝紙如果粗糙，裡面的商品再好，也會容易被人誤解為是廉價的商品。在銷售界流行的一句話就是：若要成為第一流的銷售人員，就應先從儀表修飾做起。

一個優秀的銷售員不一定要西裝革履，但著裝一定要整潔大方，給人一種忠厚老實的感覺。若看上去油頭粉面，客戶則往往預先在心中建起一道防線。

正所謂人要衣裝，佛要金裝。因此，你要從穿著打扮和調整外表著手，從頭到腳，處處要展現出你的形象。

銷售人員的衣著打扮，第一要注意時代的特點，展現時代精神；其次要注意個人性格特點；第三，應符合自己的體型。要注意的方面很多，比如：無論是中山裝、西裝或各種便服，在顏色、式樣上要協調、得體，衣服要乾淨、燙平；盡量不把雜物、打火機等放入口袋，以免衣服變形。頭部也會給人很深的印象，頭髮要看起來清爽，油頭粉面容易使人厭煩等等。總之，外貌整潔、乾淨俐落，會給人儀表堂堂、精神煥發的印象。

讓自己從同行中脫穎而出

如果你想成為一名銷售菁英，你就必須在自己的銷售範圍成為一名專家，熟悉公司產品、事業及相關知識。

想想看，你連自己所賣的產品都不了解，如何將你的產品賣給客戶呢？如果你對於所銷售的產品不具充分完整的知識，自然就無法回答客戶提出的問題，不能給客戶滿意的答覆，那麼你的業績是不可能非常好的。

在實際銷售過程中，可能顧客會問：這個產品有什麼功能？與其他品牌的產品相比，有什麼優勢？你們提供售後服務嗎？如果面對顧客的諮詢你無法提供完整或現場答覆，而是說「我再回去查查看」、「這個問題我請銷售主管來跟你說明」、「這一點我不太清楚」……你的價值就馬上被打折扣，顧客也無從信任你。所以，身為銷售員，需要具有豐富的專業知識，從而能夠應對客戶的提問，解答客戶的疑慮。

王剛是一家韓國洗車機企業的銷售員。一次一位大客戶準備做王剛公司產品的獨家經銷商。那位客戶是有備而來的，劈頭就咄咄逼人地向王剛拋出了幾個問題。「你的產品為什麼售價一臺 10 萬，而市場上國產的同類產品才售價 4 萬元？既然說你們的產品這麼省水，那比用水洗車的機器好在哪裡？這麼貴的產品，而且是新的工作原理，怎麼才能把它銷售出去？」

對於這幾個問題，王剛並沒有慌，他早已做好了周全的準備。「產品售價高，第一在於它非常省水，是市面上最省水的洗車機，洗一輛汽車只需要一杯水；第二在於它的主要零件全部進口於德國、日本，精密程度可以使設備的壽命長達 7 年，比國產設備長兩倍左右。政府剛剛公布了關於限制洗車用水的法規，省水是趨勢。我們可以請銀行來做貸款支援，讓買家分期付款。您看還有什麼疑問嗎？」

在王剛的回答中，不僅包含了對競爭對手的分析，還有對國家政策的掌握，而且還為他的產品銷售出謀劃策。說得客戶不住點頭，解除了所有的疑慮，正式簽約，一次就進了 100 臺洗車機。

由此可見，熟悉自己的產品，掌握產品的相關專業知識是進行成功銷售的前提。豐富的產品知識能使銷售員快速地對客戶提出的疑問做出反應。這不但可以增加銷售員的自信心，還可以贏得客戶對銷售員和產品的信賴。如果一個銷售員，對自己的產品不了解，還想當然地認為，客戶會不加了解的就購買產品，這幾乎是不可能的。這樣的銷售員也是不合格的，更無法贏得客戶對產品的信任。所以，銷售人員需要在產品專業知識方面下工夫，了解自己的公司，了解產品具有的全部優點，了解產品符合顧客需求的各種特點。

了解自己所在的公司和產品，對一個銷售員來說是相當重要的。身為公司的銷售人員，你應該了解公司最基本的知識：

1. 公司的創立背景以及銷售理念
2. 公司的規模（生產能力，銷售組織網路、職員數量等），經濟實力及信用（資本額，銷售額及當期利潤等）
3. 公司的策略、經營理念、方針、目標及營運政策
4. 公司在發展過程中所獲得的榮譽、社會地位
5. 公司主要負責人的名字及他們的資歷
6. 公司的主要銷售管道及全國各地服務網設置。

對於你所銷售的產品，你也應該熟悉相關知識：

1. 產品的名稱、基本性能、價格
2. 與同類競爭產品相比，在結構、性能、價格上的優點
3. 產品提供的售後服務。

總之，一個銷售員只有掌握了這些基本常識，對自己的公司及產品有一個正確的態度，才能在顧客面前昂首挺胸，大膽地介紹自己，銷售自己的產品。如果一個銷售員不了解自己的公司，對自己所銷售的產品都不熟悉，那麼，就沒有人願意與這樣的外行銷售人員打交道。因為你連自己所在的公司和所銷售的產品都無法了若指掌，你也就根本無法說服客戶信任你，更別提購買你的產品了。

自信是銷售成功的不二法門

自信是銷售員取得成功的保證，每一個從事銷售工作的人都要培養出阿基米德「給我一個支點，我可以舉起整個地球」的那種無比的自信，才能創造出卓越的業績。

自信是銷售菁英與平庸銷售員的分水嶺，平庸的銷售人員因為缺乏自信，經常否定自己，不能深入挖掘自身的潛力，諸如我的口才不行，我的腦子笨等缺乏自信的表現，導致在客戶面前面紅耳赤，卑躬屈膝，吞吞吐吐，不能正面與客戶交流，這直接導致銷售業績停滯不前。

而分水嶺的另一邊—銷售菁英，他們通常自信滿懷，對自己暫時不能達到的水準高度，都能自信地列出反省計畫，多聽多看多學，把每次與客戶交談當作一次鍛鍊、進步的機會和過程，他們一般可以與客戶很好的交流，給客戶留下深刻的印象，銷售人員的自信心程度，往往決定了客戶對公司產品的信心，也是最終決定客戶是否合作的關鍵因素。

自信是成功的先決條件。你只有對自己充滿自信，在客戶面前才會表現的落落大方，胸有成竹，你的自信才會感染、征服消費者，使用者對你銷售的產品才會充滿信任。因此，樹立起必要的自信，並將其恰當地展現給客戶，讓他們感覺你充滿信心活力和希望的精神狀態，就會令客戶好感叢生，距離銷售成功也就一步之遙了。

一個紐約的商人看到一個衣衫襤褸的尺銷售員，頓生一股憐憫之情。他把 1 美元丟進賣尺人的盒子裡，準備走開，但他想了一下，又停下來，從盒子裡取了一把尺，並對賣尺的人說：「你跟我都是商人，只不過銷售的商品不同，你賣的是尺。」

幾個月後，在一個社交場合，一位穿著整齊的銷售員迎上這位紐約商人，並自我介紹：「你可能已經記不得我了，但我永遠忘不了你，是你重新給了我自尊和自信。我一直覺得自己和乞丐沒什麼兩樣，直到那天你買了我的尺，並告訴我，我是一個商人為止。」

銷售員一直把自己當作乞丐，不就是因為缺乏自信嗎？就是從紐約商人的一句話中，銷售員找到了自信，並開始了全新的生活。從中我們不難看出自信心的威力。缺乏自信常常是性格軟弱和事業不能成功的主要原因。

銷售人員要想在銷售過程中獲得成功，必須要有至高無上的自信心，它是銷售人員一切工作和行動的指南，也是銷售人員獲得成功的基本保證，英國著名作家莎士比亞說過：「自信是走向成功之路的第一步，缺乏自信是失敗的主要原因。」日本著名的企業家松下幸之助也曾說：「在荊棘道路裡，唯有信念和忍耐才能開闢康莊大道。」因此，一個銷售員要想在銷售的泥濘道路上，走出一條康莊大道，就要充滿必勝的信心。

任何人都可以成為銷售菁英，可以創造輝煌的銷售業績。那為什麼會出現銷售水準的巨大差異呢？一個最主要的原因就是自信心問題，一個沒有自信的人，做什麼事都不容易成功。銷售員沒有自信，就沒有魄力;沒有魄力，則生意冷淡；生意做不成，則更加不自信。日子就在這種惡性循環中一天一天地度過。如果你要想成為銷售菁英的話，就必須對自己充滿自信。

在銷售過程中，自信是促使顧客購買你商品的關鍵因素。自信會使你的銷售變成一種享受，能使你把銷售當作愉快的生活本身，你會在自信的銷售工作中，對自己更加滿意，更加欣賞自己。要想成為銷售菁英，你要時刻懷有這樣的信念—「我一定能成為公司的第一名，一定能達到自己的目標」。堅持這樣的信念去行動，你就能克服一切困難，不辭勞苦，勇往直前，最終達成勝利的巔峰。

對銷售行業滿懷熱情

不管什麼樣的事業，要想獲得成功，首先需要的就是工作熱情。銷售事業尤為如此。

羅伯特．薩克（Robert Sucker）是一個很出色的保險銷售員，後來創辦了美國經理人保險公司。

有一次。他部下有個叫比爾的銷售員當著眾人的面，抱怨自己負責的區域不好。他說:「我逐一訪問了那個地區的 20 個銷售對象，但一個也沒成功。所以我想換個區域試試。」羅伯特則不以為然，他說:「我認為並不是區域不好，而是你的心態不對。」「我敢打賭，沒有人能在那個地區做成買賣。」比爾固執地說。「打賭？」羅伯特說，「我最喜歡接受挑戰！我保證一週之內，在你那 20 個名單目錄中做成至少 10 樁買賣。」

一週後，羅伯特當眾打開公事包，就像玩魔術似的，大會議桌上排了 16 份已簽的保險合約單！大家非常驚訝。「你到底是怎麼做的？」比爾問。

「當我去拜訪每一位顧客時，先自我介紹：我是保險公司的銷售員。我知道，比爾上個星期來過一趟。但我之所以再來拜訪你，是因為公司剛剛推出一套新的保險方案，和以前的方案相比，它將為顧客帶來更多的利益，而且價格一點也沒變。我只想占用你幾分鐘時間，跟你解釋一下方案的變動情況。

「在他們還來不及說不時，我就先取出我們的保險方案——其實還是以前的那本手冊，只不過我重新又抄了一遍而已。我也是先逐條解釋保險條款，只不過我傾注了極大熱情。關鍵處我便加重語氣強調：你看好了，這是新增條款，現在你該明白兩者的區別吧？每次顧客都回答：不錯，還真的和上次的不一樣。我接著說：再看看這條，這又是一個全新條款。你認為這條怎麼樣？顧客再次回答：真的有點不一樣！

「於是我繼續解釋下去：下面這條你尤其得注意了，這可是一條最讓人激動的條款！就這樣，我滿懷熱情地向他們銷售。當所有保險內容都解釋完之後，顧客已經被我的熱情所感染。變得和我一樣興致勃勃，每個人都非常感謝我帶給了他們全新的保險方案，即便是那個沒簽保險合約的顧客也是這樣。」

熱情產生動力，動力決定一件事的結果。在銷售過程中，尤其是跟客戶講話的時候，絕對要熱情，這也是成功的基本要素之一。熱情最能夠感化他人的心靈，會使人感到親切和自然，能夠縮短你和顧客之間的距離。

美國通用磨坊食品公司總裁法蘭克說：「你可以買到一個人的時間，也可以買到一個人到指定的工作崗位，還可以買到按時計算的技術操作，但你買不到熱情，而你又不得不去爭取這些。」

塞克斯是美國麻薩諸塞州詹森公司的一個銷售員，憑著高超的銷售技藝，他叩開了無數經銷商森嚴壁壘的大門。一次他路過一家商場，進門後先向店員作了問候，然後就與他們聊起天來。透過閒聊，他了解到這家商場有許多不錯的條件，於是想將自己的產品銷售給他們，但卻遭到了商場經理的嚴厲拒絕，經理直言不諱地說：「如果進了你們的貨，我們是會虧損的。」塞克斯豈肯罷休，他動用了各種技藝試圖說服經理，但磨破嘴皮都無濟於事，最後只好十分沮喪地離開了。他開著車在街上閒逛了幾圈後決定再去商場。當他重新走到商場門口時，商場經理竟滿面堆笑地迎上前，不等他辯說，經理馬上決定訂購一批產品。

塞克斯被這突如其來的喜訊弄糊塗了，不知這是為什麼，最後商場經理道出了緣由。他告訴塞克斯，一般的銷售員到商場來很少與店員聊天，而塞克斯首先與店員聊天，並且聊得那麼融洽；同時，被他拒絕後又重新回到商場來的銷售員，塞克斯是第一位，他的熱情感染了經理，為此也征服了經理，對於這樣的銷售員，經理還有什麼理由再拒絕呢？

一個銷售員成功的因素很多，而居於這些因素之首的就是熱情。沒有熱情，不論你有什麼能力，都發揮不出來，根本就不會成功。成功是與熱情緊緊聯繫在一起的，要想成功，就要讓自己永遠沐浴在熱情的光影裡。

面帶微笑去銷售

有這樣一個笑話：

一天，三個醫生坐在一起互相誇耀自己的醫術是如何高明。

第一個醫生說：「我替一個病人接好了腿，他現在是全國著名的運動員。」

第二個醫生說：「我替一個病人接好了手臂，他現在是全球聞名的拳擊冠軍。」

第三個醫生說：「你們的醫術都算不了什麼，還是我的醫術高明。前不久我替一個白痴裝上了笑容，他現在是全世界最偉大的銷售員了！」

雖然只是一個笑話而已，會笑的白痴不可能成為偉大的銷售員，但不會笑的銷售員絕對不會是一個業績突出的銷售員卻是不爭的事實。

微笑對銷售人員來說，是至關重要的。美國一家百貨公司的人事經理曾經說過，她寧願僱傭一個沒上完小學但卻有愉快笑容的女孩子，也不願僱傭一個神情憂鬱的哲學博士。

微笑，並不僅僅是一種表情的表示，更重要的是與顧客感情上的溝通。微笑就等於告訴對方：我是值得您信賴的，我是您的朋友；我是一個心地善良誠實的人、我是一個您值得您相交的人。當你向顧客微笑時，要表達的意思是：「見到你我很高興，願意為您服務。」微笑展現了這種良好的心境。

日本壽險銷售大師原一平，經過幾十年的磨練，練就了38種不同的笑臉，所謂「笑臉百萬」，微笑成就了他的壽險事業，使他連續7年獲得全日本壽險銷售員冠軍，並評為美國壽險百萬圓桌終身會員，就銷售人員而言，他以50年的銷售經驗告訴我們，笑有以下9條好處：

1. 笑能把友善與關懷有效地傳送給對方。
2. 笑能拆除你與準客戶之間的「籬笆」，敞開雙方的心扉。
3. 笑能使你的外表更加迷人。
4. 笑可以消除雙方的戒心與不安，以打開僵局。
5. 笑能使你消除自卑感。
6. 你的笑能感染對方也笑，創造和諧的交談基礎。
7. 笑能建立準客戶對你的信賴感。
8. 笑是表達愛意的捷徑。
9. 笑能增進活力，有益健康。

微笑，是一種愉快的心情的反映，也是一種禮貌和涵養的表現。銷售人員自然而樸實的微笑，是與客戶溝通最好的敲門磚，是最好的催化劑。

微笑是傳遞友好與善良的訊號，是消除對方敵意的開關，微笑可以接近彼此之間的距離，增進彼此之間的感情，同時微笑還可以使自己增強銷售成功的信心，把微笑與自信帶給顧客，因此，微笑對於銷售人員來講，它既不花成本，利潤卻很豐厚。

俗話說：「笑口且常開，財源滾滾來」。銷售員的微笑是創造財富的來源，「要把銷售做得好，天天微笑少不了」，因此，要學會真誠的微笑去打動客戶，以甜蜜的微笑去贏得顧客，把溫暖帶給他人，把幸福傳給顧客。

一位顧客在幾個朋友的陪伴下想買一條褲子，她當時穿的是條寬褲，上衣也較寬鬆，讓人感覺又矮又胖，很不好看。像她這種體型的顧客穿裙子比較適合她，裙子可以掩蓋其短處，於是銷售員挑了條過膝的中裙和一件得體的上衣讓她試穿，剛開始她不肯試裙子，怕不好看，銷售員微笑著，真誠地說服她試穿，就在她從試衣間裡出來的那一刻，所有她的朋友都說好看，一套搭配起來得非常協調、顯瘦又顯年輕，於是她滿意地買下了這套衣服，並對銷售員說：「你的微笑很有親和力，今天如果不是你熱忱、真誠的服務，我可能永遠不會穿裙子，你為我做個好參謀，以後我會再來這買衣服。」

在銷售過程中，銷售人員以微笑開始服務與消費者接觸，在輕鬆愉快的環境下進行銷售，是有助於消費行為的產生，即使沒有銷售成功，也至少展現出銷售人員應有的風度與企業良好的文化，因此，微笑始終要貫穿在銷售人員與顧客的交流當中。

對銷售人員來說，在顧客面前，流露出自然而甜美的微笑，給人一種親近、友善、和藹的感覺，讓人在心中留下美好難忘的第一印象，微笑的技藝要掌握分寸，淡淡的一笑，真誠的態度，微微的點頭，動作不宜過大，出自內心的笑容才是最自然的，一次完美的微笑，常常可以讓對方感到親切，進而對你產生好感，下一步的銷售活動就可以順利地進行了。

微笑是一個銷售員成熟的標誌，也是一個銷售員邁向成功的所必須掌握的技能之一，在漫長的銷售生涯中，要想走得長遠和持久，就要面帶微笑。

練就優秀的銷售口才

社會上大多數人都認為做銷售的人太能「唬人」了，一談到銷售人員，總給人一種能言善辯、口若懸河的印象，事實上的確如此，越是出色的銷售人員，其口才往往越好。

著名推銷大師戴爾．卡內基曾說：「一個人的成功，約有5%取決於知識和技術，另外的85%則取決於溝通—發表自己意見的能力和激發他人熱忱的能力。」現如今，隨著銷售行業的迅速發展，人們越來越重視口才方面的能力培養，越來越崇尚「知識就是財富，口才就是力量」的理念。

出色的口才是銷售成功的有力保證。一個銷售員擁有好口才，就是為自己步入輝煌的職業人生加上了一個優質砝碼。

二次大戰的時候，美國軍方推出了一個保險。如果每個士兵每個月交10美元，那麼萬一上戰場犧牲了，他會得到20萬美元。這個保險出來以後，軍方認為大家肯定會踴躍購買。結果竟然沒有一個士兵願意買單。

士兵們的心理其實很簡單，在戰場上連命都要沒有了，過了今天都不知道明天在哪裡了，還買保險有什麼用呀？10美元還不如買兩瓶酒喝呢！所以大家都不願意購買。

後來，亨特先生被派到美國新兵培訓中心推廣軍人保險。聽他演講的新兵100%都自願購買了保險，從來沒人能達到這麼高的成功率。培訓主任想知道他的銷售之道，於是悄悄來到演講室，聽他對新兵講些什麼。

「各位，我要向你們解釋軍人保險帶來的保障，」亨特說，「假如發生戰爭，你不幸陣亡了，政府將會給你的家屬賠償20萬美元。但如果你沒有買保險，政府只會支付6,000美元的撫恤金……」

「這有什麼用，多少錢都換不回我的命。」有一個新兵沮喪地說。

「你錯了，」亨特不急不忙地說，「想想看，一旦發生了戰爭，政府會先派哪一種士兵上戰場？買了保險的還是沒買保險的？」

士兵們聽了亨特的一番話之後，紛紛投保，大家都不願成為那個被第一個派上戰場的人。

由此可見，一名出色的銷售人員一定有出色的口才。只有具備了出色的口才，才能夠讓客戶感受到你的魅力，才樂意購買你的產品。

優秀的銷售人員，一定有優秀的口才，不會表達、不善於表達、不敢表達，都會嚴重影響銷售的成功。好口才不僅是你成功銷售的推進器，也是你施展個人魅力的制勝法寶。那麼，在銷售過程運用什麼樣的語言可以很好的打動顧客，讓顧客願意購買你的產品呢？主要有以下幾點：

1. 響亮的語言、自信的語調總是能感染別人；如果一個銷售人員連話都不敢大聲說，還能指望去做什麼呢？
2. 吐字清晰、層次分明。吐字不清、層次不明是銷售人員與客戶交談成功的最大敵人，假如別人無法了解你的意思，你就不可能說服他。要克服這種缺點，最好的方法就是公眾場合練習大聲朗誦。
3. 注意說話的節奏，這就如同開車有低速、中速與高速，必須依實際路況的不同而有所調整。在說話時也是一樣。另外，音調的高低也要妥善安排，任何一次的談話，抑揚頓挫，速度的變化與音調的高低，必須搭配得當，只有這樣你的談話才能有出奇的效果。
4. 措辭高雅。一個銷售人員在交談時的措辭，如同他的儀表，對談話的效果起著決定性的影響。對於發音困難的字詞，要力求正確，因為這無形中會表現出你的博學與教養。
5. 聲音的大小要適中。在人少的房間裡，如果音量太大，就會成為噪音。如果音量太小，使對方身體前傾才聽得到，對方聽起來就會感到很吃力。其實最恰當的做法就是，兩個人能夠相互聽到彼此的聲音就可以了。
6. 注意語言與表情的配合，這樣做能使銷售人員講的話更具感染力。
7. 「停頓」在與客戶的交談中非常重要，但要運用得恰到好處，既不能太長，也不能太短，這需靠銷售人員去揣摩，「停頓」可整理自己的思維、引起對方注意、觀察對方的反應、促使對方回話、強迫對方下決定等功用。

一場成功的銷售應該像一個好的電視節目，有好畫面和好音響，如果電視機的音響不好，觀眾的聽覺享受就不佳。電視音控不佳，音響效果就不好，音量可能會太大。這就像銷售時，如果銷售人員太有攻擊性，或講得太多、聲調太高，顧客會被嚇跑的。

相反，如果解說過程太慢或缺乏熱誠與感染力，顧客也會覺得興趣索然。跟笑聲一樣，熱誠也會有傳染性。你說的話語、表情，以及你對自己所做事情的感覺，也會影響客戶，你對雇主、自己的工作或產品的熱誠都能透過語調傳遞給他人。所以說，具有魅力的語言能夠充分展示一個銷售人員的個人魅力和自信，同時也為自己的顧客帶來愉悅的享受。

愛心帶來業績

任何一個想在銷售事業中出人頭地的人，必須做到要心中有愛。世界上最具有不可抵抗的力量就只有愛了，愛的力量是無窮的。

《世界最偉大的推銷員》一書中有這麼一段話：「我要愛所有的人。仇恨將從我的血管中流走。我沒有時間去恨，只有時間去愛。現在，我邁出成為一個優秀的人的第一步。有了愛，我將成為偉大的推銷員，即使才疏智短，也能以愛心獲得成功；相反的，如果沒有愛，即使博學多識，也終將失敗。」

可見，銷售成功並不完全取決於技巧，有時，只要你擁有一顆愛人之心就可以了。

有一位銷售員經常去拜訪一位老太太，打算以養老為理由說服老太太購買股票或者債券，為此，他就常常與老太太聊天，陪老太太散步。經過一段時間，老太太就離不開他了，常常請他喝茶，或者和他談些投資的事項。然而不幸的是，老太太突然死了，這位銷售員的生意泡湯了，但仍然前往參加了老太太的葬禮。當他抵達會場時，發現競爭對手另一家證券公司竟也送來了兩個花圈，他很納悶：「究竟是怎麼一回事呢？」

一個月後，那位老太太的女兒到這位銷售員服務的公司拜訪他。據她表示，她就是另一家證券某分支單位（機構）的經理夫人。她告訴這位銷售員：「我在整理母親遺物的時候，發現了好幾張您的名片，上面還寫了一些十分關懷的話，我母親很小心地保存著。而且，我以前也曾聽母親談起過您，彷彿和您聊天是生活的快事，因此今天特地前來向你致謝，感謝您曾如此關心我的母親。」

夫人深深鞠躬，眼角還噙著淚水，又說：「為了答謝您的好意，我瞞著丈夫向您購買貴公司的債券……」然後拿出 40 萬元現金，請求簽約。對於這種突如其來的舉動，這位銷售員大為驚訝，一時之間，無言以對。

這個例子猶如神話一般，卻是發生在銷售界的一個真實的故事，只是來的太意外，沒有「不經一番寒徹骨，焉得梅花撲鼻香」那樣的磨難。

然而不可否認地，這位銷售人員關心年長者的態度是可取的，他希望老年人能夠靠儲蓄愉快地享受餘生，也願意與她討論這方面的事情。這等於是帶著愛心去拜訪她的。老太太的女兒之所以會這樣做，就是因為被他的愛心所感動，才買下該公司的債券。

由此可見，愛心可以成就一個人的事業。不管何時何地，無論是拜訪顧客或是銷售產品，都必須有一顆真誠的愛心。只要你有足夠的愛心，就可以成為全世界最有影響力的人。

培養自己的親和力

親和力是人際關係的基礎，如同一座大樓的地基。所有的銷售技巧都是以親和力為前提的。成功的銷售人員都具有非凡的親和力，他們非常容易博取客戶對他們的信賴，他們非常容易讓客戶喜歡他們，接受他們。換句話說，他們會很容易跟客戶成為最好的朋友。

許多的銷售行為都建立在友誼的基礎上，我們喜歡向我們所喜歡、所接受、所信賴的人購買東西，我們喜歡向我們具有友誼基礎的人購買東西，因為那會讓我們覺得放心。所以一個銷售員是不是能夠很快地和客戶建立起很好的友情基礎，與他的業績具有絕對的關係。

在銷售過程中，如果你能在很短時間內與他人建立很強的親和力，這樣就能拉近與顧客的距離，那如何有效建立親和力呢？

下面介紹幾種快速建立親和力的方法：

1. 情緒同步：情緒同步就是在情緒和注意力上與溝通對象處於同一個頻率的狀態。假如你碰到一個顧客談起事情來很正式，不苟言笑，你也要像他一樣；如果顧客比較隨和，並且愛開玩笑，你在情緒上也要和他一樣活潑，比較自然。情緒同步會讓對方感覺到，在心理和情緒上你是很能夠理解他的，他就會有一種被理解、被尊重、被接受的感覺。
2. 生理狀態同步：人與人之間的溝通，有三個管道：一是你所使用的語言和文字；二是你的語氣和語調；三是你所使用的肢體語言。根據調查，人與人之間的溝通，文字只占了7%的影響力，語氣和音調占38%，而肢體語言占55%，可見，肢體語言—表情、手勢、姿態、呼吸等重要的溝通方式，在這方面與對方同步，將產生意想不到的效果。

3. 肢體上的同步：肢體動作，面部表情及呼吸的模仿與使用是最能幫助你進入他人頻道及建立親切感的有效方式，當你和他人談話溝通時，你模仿他的站姿或坐姿，他的手和肩的擺放姿勢，他的其他舉止，將讓他產生一種認同感，例如，許多人在交談時慣用某些手勢，你也不妨時常使用這些手勢作表達。你這麼做，剛開始可能會覺得可笑或不習慣，但當你能模仿得唯妙唯肖時，對方會莫名其妙的喜歡你、接納你，他們會自動將注意力集中在你身上，而且覺得和你一見如故。但是注意別去模仿別人生理上的缺陷，若有人說話口吃，只會弄巧成拙。
4. 語言、文字同步：很多人說話都慣用一些術語，或者是善用一些詞彙。例如有些口頭禪，如果能聽得出來對方的慣用語，並也時常用他的這些口語，對方非常容易感覺你很親切，聽你說話就很順耳，所以，能夠使用對方的語言，又去使用他的音調、速度、聲音，又和他有相同55%的生理狀態，他看到你時會像在鏡子裡看到自己一樣，自然會對你有好感。

名片是銷售人員的「門面」

名片是銷售員應備的一種常用交際工具，銷售員在和顧客交談時，遞給顧客一張名片，不僅是很好的自我介紹，而且與顧客建立了聯繫，既方便，又體面。但不能濫用，要講究一定的禮儀。否則，會留下草率、馬虎的印象，忽視不得。

2011 年 4 月，某城市舉行了春季商品交易會，各方廠商雲集，企業家們濟濟一堂。華新公司的徐總經理在交易會上聽說 X 集團的崔董事長也來了，想利用這個機會認識這位素未謀面又久仰大名的商界名人。午餐會上他們終於見面了，徐總彬彬有禮地走上前去，「崔董事長，您好，我是 Y 公司的總經理，我叫徐品翔，這是我的名片。」說著，便從隨身帶的公事包裡拿出名片，遞給了對方。崔董事長顯然還沉浸在之前的與人談話中，他順手接過徐品翔的名片，「你好，」草草地看過，放在了一邊的桌子上。徐總在一旁等了一會，並未見這位崔董有交換名片的意思，便失望地走開了。

這位崔董事長對於名片這種交往方式太心不在焉了，他沒有認識到他的舉動對別人是非常不禮貌的，從而使自己失去了多認識一個朋友的機會，也失去了許多潛在的商機。

因此，在銷售過程中，我們在具體使用名片時，還須在名片的攜帶、名片的遞交、名片的接受、名片的索取等幾個方面好自為之。

1. 名片的攜帶：凡進行銷售活動之前，均應提前預備好自己的名片，並且認真加以攜帶。
2. 名片的遞交：在銷售過程中，需要主動地把本人的名片遞給他人時，首先應當選擇適宜的時機。唯有在必要時遞上名片，才會令其發揮功效。交往對象產生了了解自己的欲望，方為遞上名片的最佳時機。遞上名片，不宜過早或過遲。不要濫發名片，尤其是盡量不要在大庭廣眾之下同時向多位陌生人遞上名片。

   雙方交換名片時，正規的做法應為位低者首先向位高者遞上名片，再由後者回覆前者。不過對這一規定也不宜過於拘泥。需要向多人遞上名片時，切勿跳躍式進行，或者遺漏其中的某些人。得體的方法，應當是由尊而卑或者由近而遠地依次進行。

   遞上名片時，應當先向接受名片者打上一個招呼，令對方有所準備。既可以先做一下自我介紹，也可以說：「請多多指教」、「希望今後保持聯繫」、「能否交換一下名片」。

   遞上名片時，應表現得鄭重其事。不僅應當起身站立，主動走向對方，面含笑意，而且還應當以雙手或右手持握名片，並且將名片正面面對對方。不要以左手遞上名片，也不要在遞上名片時將其反面對著對方。

3. 名片的接受：接受他人的名片時，不論自己多忙，均應暫停手中所做的一切事情，並且起身站立，面含微笑地迎向對方。盡量使用雙手接過名片，至少也要使用右手，而不能僅用左手。

   但凡有可能，接過他人名片後，即應用一分鐘左右的時間，將其從頭至尾默讀一遍。若有疑問之處，還可當場向對方進行請教。

   收到他人的名片後，切勿對其隨意把玩，或者將其亂丟亂放。一般應將他人的名片放入自己的名片夾、公事包、辦公桌或上衣口袋之內，把它扔在桌子上，壓在玻璃板之下或者放在褲子口袋裡是不禮貌的。

   接受他人名片之後，一般均應當即回上對方一枚自己的名片。沒有名片、名片用完了，或者忘了帶名片的話，亦應以適當的方式向對方略加解釋。切勿既不回上自己的名片，也不做出合情合理的解釋。

4. 名片的索取：依照慣例，通常盡量不要向他人直接開口索要名片。萬一確有必要那樣做時，則可相機採取下列方法：

   一是互換法。所謂互換法，即以自己的名片為媒介與交往對象互換名片的做法。其具體方法有二：可以首先遞上自己的名片，等候對方有來有往地回覆自己；也可以在遞上自己的名片之時明言此意：「能否有幸與您交換一下名片？」

   二是暗示法。所謂暗示法，是指在索取他人的名片時採用婉言暗示的做法。通常，向尊長暗示自己索取名片之意時，可以說：「請問以後如何向您請教？」而向平輩或晚輩表達此意時，則可以詢問對方：「請問今後怎樣與您聯絡？」

   應當指出的是，在自己沒有名片時，可以婉言「對不起，我的名片剛用完」或「抱歉，今天沒有帶名片」等等。

名片的用途十分廣泛。最主要的是用作自我介紹，也可在名片上面留下簡短附言。一張小小的名片，卻包含著無限的資訊，它成為了銷售員與客戶溝通的橋樑，學會使用名片，它將是你在進入客戶心扉的通行證。

贏得客戶的信任

日本企業家小池先生出身貧寒，20 歲時在一家機械公司擔任銷售員。有一段時間，他銷售機械非常順利，半個月內就達成了 25 位客戶的業績。

可是有一天，他突然發現自己所賣的這種機械，要比別家公司生產的同性能機械貴了一些。

他想：「如果讓客戶知道了，一定會以為我在欺騙他們，甚至可能會對我的信譽產生懷疑。」

深感不安的小池立即帶著合約書和訂單，逐家拜訪客戶，如實地向客戶說明情況，並請客戶重新考慮是否還要繼續與自己合作。

這樣的動作，使他的客戶大受感動，不但沒有人取消訂單，反而為他帶來了良好的商業信譽，大家都認為他是一個值得信賴且誠實的銷售員。結果，25 位客戶中不但無人解約，反而又替小池介紹了更多的新客戶。

由此可見，取得顧客信任是買賣成交的一個關鍵環節，也是銷售過程的第一個階段，是整個過程的開始，是基礎。銷售人員只有取得顧客的信任，才能談及成交與否。如果顧客不信任你，不信任你的商品，那麼交易就不會成功。

初入保險業時，貝斯以為自己的前途光明，因為他的指導員是科倫斯先生，40 年來他一直是公司的銷售之冠。他最非凡之處在於，別人總是願意信任他。人們總覺得：「他值得信賴，他對這門生意很熟，跟他合作不會吃虧。」貝斯第一次見他就有那種體會，但知道為什麼，卻是後來的事了。

有一筆生意，是在貝斯失去信心、準備退出時聯繫的。顧客很客氣地跟他說：「你一個月後再來，那時可能會簽合約。」貝斯已經有一些經驗了，知道又沒戲，沒有勇氣再去，但不了了之又不妥。進退兩難時，他決定向科倫斯先生求助。看貝斯一臉喪氣，他心有不忍，便答應陪他走一趟。完全沒有想到，他輕輕鬆鬆就把生意談妥了。他的示範讓貝斯激動，也沾他的光，貝斯得到 259 美元的佣金。不過才幾天，就傳來壞消息，說顧客身體原因，合約要暫緩。貝斯向科倫斯先生請教：「我們該不該告訴顧客，這是不符合規定的？如果不告訴他，他不會知道的。」科倫斯先生很平靜，說：「這樣做肯定可以，但不能那麼做，你還不明白其中的差別。」

他帶上貝斯立即去拜訪顧客，陳明其中要害，並對顧客說：「希望你能慎重考慮一下，因為我確信這份保險對你是有益的。」那位顧客大受感動，當即簽了支票，交付了一年的保險費。在貝斯看來，科倫斯先生的示範行動勝過讓他參加千百場演講，他讓貝斯明白了別人為什麼總是信任他。他讓貝斯真正領悟到什麼叫真誠。看著他坦然的目光，你不能不信。

銷售人員向客戶銷售產品，就是向客戶銷售人品，也就是向客戶推銷誠實。美國銷售專家齊格拉對此深入分析道：「一個能言善道而心術不正的人，能夠說服許多人以高價購買低劣甚至無用的產品，但由此產生的卻是三個方面的損失：顧客損失了錢，也多少喪失了對他的信任感；銷售員不但損失了自重精神，還可能因這筆一時的收益而斷送了銷售生涯；以整個銷售來說，損失的是聲望和大眾對它的信賴。」

銷售人員只有讓顧客產生信任感，他才會相信你銷售的產品。如果無法與客戶建立信任，就無法銷售。如果客戶對銷售人員的信任是有限的，他對於你說的每一句話都會抱著審視的態度，如果再加上不實之詞，其結果可想而知。

有一個顧客問服裝店的銷售員：「這件衣服我穿上怎麼樣？」

「不錯，很好。」那位銷售員回答道。

然後，顧客又試了一件裁剪樣式全然不同的衣服：「這件衣服呢？」顧客同樣對這件衣服表現出極大興趣。

於是，銷售員附和道：「也滿好的。」

很快，這位顧客就意識到了那位銷售員的建議是沒有價值的，這件衣服究竟看上去如何，合身與否，他是不會對自己說真話的，他唯一的目的就是把東西賣出去。當顧客明白了這一點的時候，生意自然就不會成交。

在銷售過程中，贏得顧客的信任，你才能成功的完成銷售工作。如果你不能獲得顧客的信任，怎麼能讓人和你成交呢？顧客購買你的產品，其實購買的是對你的信任，而非產品或服務。一個銷售員所擁有價值最高的東西是客戶的信任。因為成功的銷售是感情的交流，而不只是商品。

銷售菁英必備的銷售心態

心態是銷售人員對待銷售工作的看法和態度，它是銷售人員採取一切行動的基礎，也決定了銷售人員用何種方式去創造自己的生活。實驗證明，銷售業績的80%是由心態決定的。銷售人員只有樹立了正確的銷售心態，勇於面對失敗，勇於奮鬥不息，才會擁有熱情的態度去開拓市場，才會積極跨越困境，才會主動去創造更好的業績，才能走出一條完美的銷售之路。

熱愛你的銷售工作

做任何工作，只有全身心地投入，才能做好。所謂全身心，便不單指體力，也包含著情感。想要成為一名優秀的銷售人員，不僅要勤勞賣力，同樣需要發自內心地熱愛自己的工作，才可能創出輝煌業績。

王豪評讀大學時選擇了理工科，畢業後當了一名電子工程師。這並不是他的本意，性格比較外向的他，更希望擁有比較開放的工作環境和發展空間。

由於對工作沒興趣，他缺乏工作熱情和靈感，只是為了做而做，為了每個月不菲的薪水而做，所以在工作中常常走神，一次在工作中，他不小心把電容的正負兩極接錯了，使得電容內部爆炸，不僅嚇了一跳而且還受了傷，從此，王豪評對工作產生了一種莫名的恐懼，對上班也產生了極大的抗拒。

一次偶然的機會，王豪評在某招聘網站看到一家公司正在招聘銷售人員，其開放式的工作環境、需要樂觀和多與人接觸的工作性質正是他的興趣所在。雖然他沒有銷售工作的經驗，但由興趣引發的動力是極強的，再加上他對現有的工作越來越身心疲憊，最後決定給自己一次重新選擇的機會。他滿懷希望地寫了一封熱情洋溢的求職信並附上簡歷，表明了自己對這個職位的熱切渴盼。終於，熱情打動了公司上級，他收到面試通知，繼而成為了一名優秀的銷售人員。

由此可見，只有熱愛自己所從事的工作，才能發揮巨大的工作熱情，成就自己的事業。

有人對各行各業被公認為「成功者」的人進行調查，發現他們有一個很大的共同點，這就是他們熱愛自己的工作。

熱愛你的工作，這也是成功銷售的第一祕訣。成功的銷售人員必須是熱愛銷售工作、並從銷售中發現樂趣的人。做了一輩子銷售工作的喬．吉拉德就說：「有人說我是天生的推銷員，因為我十分熱愛銷售工作，我確實認為，我早年成功的主要原因是我熱愛銷售工作。我認為，和我在一起的其他推銷員比我更有才能，但是我的銷售額卻比他們的多，這是因為我拜訪的客戶比他們多。在他們看來，銷售工作是單調乏味的苦差事。在我看來，它卻是一場比賽。」

確實，對銷售工作的熱愛是成功銷售人員的一個特徵。他們渴望將工作做好，這使得他們對銷售工作十分賣力。

愛上自己的工作是一種信念，人們懷著這種信念為自己的理想奮鬥著。熱愛銷售工作，擁有一個快樂、樂觀、積極向上的心態，你才會享受到工作的樂趣。

銷售的成敗取決於心態

美國成功學大師拿破崙．希爾說：「要嘛你駕馭命運，要嘛是命運駕馭你，你的心態決定了誰是坐騎，誰是騎師。」我們把自己想像成什麼樣子，就真的會成為什麼樣子。所以良好的心態在人的一生中起著關鍵的指導作用。

有兩個加拿大的鄉下人，外出找工作。一個去多倫多，一個去渥太華。他們在候車廳等車時，聽到人們議論說，多倫多人精明，賣水都可以賺錢；渥太華人非常善良，看見吃不上飯的人，不僅給麵包，還送舊衣服。

於是，他們都改變了各自的初衷。打算去多倫多的人想，還是渥太華好，賺不了錢也餓不死，幸虧沒上車，不然真進了火坑；打算去渥太華的人想，還是多倫多好，賣水給人都能賺錢，還有什麼不能賺錢的？幸虧還沒上車，不然就失去了一次致富的機會。

兩個人在退票時相遇了。於是，他們相互交換了彼此的車票。

去渥太華的人發現，渥太華果然好。他初到渥太華一個月，沒有工作，竟然也能吃得飽，不僅銀行大廳裡的飲用水可以白喝，而且大商場裡有免費的點心吃。

去了多倫多的人發現，多倫多果然是一個可以發財的城市，做什麼都可以賺錢。帶路可以賺錢，弄盆水讓人洗臉也可以賺錢。只要想點辦法，再花點力氣就可以賺錢。

憑著鄉下人對泥土的感情和認識，去多倫多的人第二天在建築工地裝了十包含有沙子和樹葉的土，以「花盆土」的名義，向不見泥土而又愛花的多倫多人兜售。當天他在城郊間往返六次，淨賺了五十美元。一年後，憑「花盆土」他竟然在多倫多擁有了一間小小的門面。

在長年走訪街巷的過程中，他又有一個新的發現：一些商店樓面亮麗而招牌較黑。他一打聽才知道，原來是清洗公司只負責洗樓不負責洗招牌的結果。他立即抓住這一空檔，買了工作梯、水桶和抹布，辦起了一個小型清洗公司，專門負責擦洗招牌。幾年以後，他的公司已有 150 多名員工，業務範圍也拓展到多個城市。

有一次，他坐火車去渥太華視察清洗市場。在火車站，一個撿破爛的人把頭伸進臥鋪車廂，向他要一個空啤酒瓶，就在遞瓶時，兩人都愣住了，因為五年前，他們曾換過一次票。這個撿破爛的人，就是當年改去渥太華的那個人。

這個故事告訴我們：人與人之間並無多大的區別，真正的區別在於心態。一個人成功與否，主要取決於他的心態。心態控制了個人的行動和想法。同時，心態也決定了自己的視野、事業和成就。

世界行銷大師陳安之在《超級成功學》中曾說：「態度決定一切，技巧和能力決定勝負」。不同的心態，就決定了不同的人生和結局。

成功源於心態。幾乎所有優秀的銷售員都有一個共同的特點，就是具有積極的心態。他們運用積極的心態去支配自己的人生，用樂觀的精神去面對銷售過程中一切可能出現的困難和險阻，從而確保自己不斷的走向成功。而現實生活中卻有許多銷售人員，普遍意志不堅，以自卑的心理，失落的靈魂、失望悲觀的心態和消極頹廢的人生作前導，其後果只能從一個失敗走向另一個失敗，甚至永駐過去的失敗之中，不再奮發。實際上，積極的心態就是一種進取心，這是一種極為難得的美德，它能驅使銷售人員在不被吩咐去做事情之前，就能主動去做應該做的事情。積極的心態並不能保證事事成功，但積極的心態肯定會改善一個人的日常生活。

一個生活比較潦倒的銷售員，每天都埋怨自己「懷才不遇」，命運在捉弄他。

耶誕節前夕，家家戶戶張燈結綵，充滿節日的熱鬧氣氛。他坐在公園裡的一張椅子上，開始回顧往事。去年的今天，他也是孤單一個人，以醉酒度過了他的耶誕節，沒有新衣服，也沒有新鞋子，更別談新車子、新房子。

「唉！今年我又要穿著這雙舊鞋子度過耶誕節了！」說著準備脫掉這雙舊鞋子。這個時候，他突然看見了一個年輕人自己滑著輪椅從他身邊走過。他頓悟到：「我有鞋子穿是多麼幸福！他連穿鞋子的機會都沒有啊！」

之後，這個銷售員每做任何一件事都以樂觀的心態，積極地對待，發憤圖強，力爭上游。數年之後，生活在他面前終於徹底改變了，他成了一名百萬富翁。

由此可見，積極樂觀的心態與成功的關係是相輔相成的。一個總是懷著消極心態的銷售員很難得到成功的垂青。

在銷售行業中，廣泛流傳著一個這樣的故事：兩個銷售人員到非洲去銷售皮鞋。由於炎熱，非洲人向來都是打赤腳。第一個銷售員看到非洲人都打赤腳，立刻失望起來：「這些人都打赤腳。怎麼會要我的鞋呢？」於是放棄努力，失敗沮喪而回；另一個銷售員看到非洲人都打赤腳，驚喜萬分：「這些人都沒有皮鞋穿，這皮鞋市場大得很呢。」於是想方設法，引導非洲人購買皮鞋，最後發大財而回。

這就是一念之差導致的天壤之別。同樣是非洲市場，同樣面對打赤腳的非洲人，由於不同的心態，一念之差，一個人灰心失望，不戰而敗；而另一個人滿懷信心，大獲全勝。

在銷售過程中，失敗平庸的銷售員居多，主要是他們的心態有問題。遇到困難，他們總是挑選容易的退卻之路。「我不行了，我還是退縮吧。」結果陷入失敗的深淵。而優秀的銷售員遇到困難，仍然夠保持積極樂觀的心態，用「我要！我能！」「一定有辦法」積極的意念鼓勵自己，於是便能想盡辦法，不斷前進，直到成功。

張華靖和李銘光是同一家公司的兩名銷售員。一天，他們兩人同時去一家超市銷售產品，張華靖看到這家超市已經有很多的同類產品，並且賣得相當好、利潤也比自己的產品高，於是他便認為該店此類產品已經飽和，很難說服老闆進貨，即使進了貨也不一定好賣；李銘光也看到這家超市同類產品很多，他認為這也同時證明了該店的此類產品銷售較旺，有很大的開發潛力。經了解該店銷售最好的是 XX 品牌，自己的產品相對 XX 雖有差距，但也有著獨特的優勢。於是，李銘光用盡渾身解數說服了超市老闆進貨，同時針對 XX 產品制定了相應的促銷政策，不久這家超市成了公司的主要客戶。

這個故事充分的說明了一個道理：只有積極樂觀的銷售員才會在「不可能」中發現機會，創造銷售奇蹟。

積極樂觀的心態可以讓失敗和遇到挫折的銷售人員看到勝利的希望，重新振奮精神並客觀冷靜的分析失敗的原因，從而提升自己的銷售水準，從失敗不斷走向成功。而消極悲觀的心態則會讓銷售員沉溺於失敗的強烈挫折感和自責、自卑之中，逐漸失去信心而放棄。

積極的心態與消極的心態一樣，它們都能對人產生一種作用力，不過兩種作用力的方向相反，作用點相同，就是你自己。為了提升銷售業績，為了獲得事業的成功，你必須最大限度的發揮積極心態的力量，以抵制消極心態的反作用力。只要你積極樂觀，你就能在銷售過程中無往而不勝，走上成功之路。

消除銷售時的自卑感

自卑感是銷售人員的大敵，是阻礙成功的絆腳石，如果懷有自卑感，在銷售方面是不會有成功希望的。自卑是一種消極自我評價或自我意識，即個體認為自己在某些方面不如他人而產生的消極情感。而銷售人員的自卑感就是把自己的能力、產品評價降低的一種消極的自我意識。

現實生活中，許多銷售人員心中都籠罩著這種自卑意識。銷售是一個極易產生自卑感的工作，他們往往是以「不能」的觀念來看待事物。對困難，他們總是推說「不可能」、「辦不到」。正是這種狹隘的觀念，把他們囿於失敗的牢籠。

一些銷售人員的自卑心理很重，認為自己這不行那不行，甚至覺得自己不是做銷售工作的「料」；要嘛就是有畏懼困難，「怕」字當頭，怕銷售做不好、怕顧客拒絕、怕商品賣不出去。常言道，「差之毫釐，繆之千里」。銷售人員微妙的心理差異，造成了銷售成功與失敗的巨大差異。自卑意識使銷售人員逃避困難和挫折，不能發揮出自己的能力。

既然我們知道，自卑意識是構成銷售人員走向成功的最大障礙，那麼現在，我們必須改變，努力去克服心中的自卑心態，樹立自信，讓自己成功的去把自己銷售出去。

1. 正確認識銷售職業的意義

一些銷售人員具有職業自卑感，他們為銷售工作感到羞愧，甚至覺得無地自容。美國某機構調查表明，銷售新手失敗的一個最大原因是職業自卑感，他們覺得自己似乎是在乞討謀生，而不是在幫助他人。產生職業自卑感的主要原因是沒有認識自己工作的社會意義和價值。銷售工作是為社會大眾謀利益的工作，顧客從銷售中得到的好處遠比銷售人員多。銷售人員要培養自己的職業認同感。

2. 對自己的自卑心進行分析

首先分析原因，並正視弱點、承認事實，同時也要看見自己的長處，以增加自己的自信心，化挫折為動力。成就的大小不在於智識的高低，而在於是否有自信心，有恆心、不屈不撓、不自卑等良好的意志、特質。

3. 從成功的回憶中建立成功的自我形象

回憶自己以前成功的時刻，這可以調節你的心情，增強你的信心，從而產生向一切困難挑戰的勇氣，與其欣賞別人，不如欣賞自己。

4. 培養自信心

銷售人員的自信心決定其言行舉止，如果銷售人員有了自信，說起話來才會不卑不亢，行動起來才會精神煥發，討價還價才會理直氣壯。所以銷售人員一定要有自信心，相信自己是最好的，我們公司的設計、程式開發、創意，包括我們提供的團購、軟體等所有的服務都是一流的，我們就是最好的。選擇我們就是客戶的明智之舉，選擇我們就是選擇放心！自信是銷售成功的第一祕訣。相信自己能夠取得成功，這是銷售人員取得成功的絕對條件。

總之，當你消除自卑的銷售意識，成功地把自己銷售出去的時候，你的成功之路的大門也就為你敞開了！

心態積極，銷售無敵

拿破崙·希爾曾講過這樣一個故事，對我們每個人都極有啟發。

塞爾瑪陪伴丈夫駐紮在一個沙漠的陸軍基地裡。丈夫奉命到沙漠裡去演習，她一個人留在陸軍的小鐵皮房子裡，天氣熱得受不了—在仙人掌的陰影下也有攝氏 50 度。她沒有人可以談天—身邊只有墨西哥人和印第安人，而他們不會說英語。她非常難過，於是就寫信給父母，說要丟開一切回家去。她父親的回信只有兩行，這兩行字卻永遠留在她的心中，完全改變她的生活：

兩個人從牢中的鐵窗望出去。

一個看到泥土，一個卻看到了星星。

塞爾瑪一再讀這封信，覺得非常慚愧。她決定要在沙漠中找到星星。

塞爾瑪開始和當地人交朋友，他們的反應使她非常驚奇，她對他們的紡織、陶器表示興趣，他們就把最喜歡但捨不得賣給觀光客的紡織品和陶器送給了她。塞爾瑪研究那些引人入迷的仙人掌和各種沙漠植物、生態，又學習有關土撥鼠的知識。她觀看沙漠日落，還尋找到幾萬年前，這沙漠還是海洋時留下來的海螺殼……原來難以忍受的環境變成了令人興奮、流連忘返的奇景。

是什麼使這位女士內心產生了這麼大的轉變呢？

沙漠沒有改變，印第安人也沒有改變，但是這位女士的念頭改變了，思維方式改變了。一念之差，使她把原先認為惡劣的情況變為一生中最有意義的冒險。她為發現新世界而興奮不已，並為此寫了一本書出版。她從身處的牢房看出去，終於看到了星星。

這故事告訴我們：無論做什麼事情，心態都是很重要的。對每一個銷售員來說，誰都希望自己的業績獲得數倍的成長，但是要做到這一點，良好的心態是不可或缺的，因為什麼樣的心態決定了什麼樣的成就，什麼樣的心態決定了什麼樣的人生。

▶▶▶▶ 銷售菁英必備的銷售心態

美國聯合保險公司董事長克萊門特．史東（W. Clement Stone），是美國鉅富之一、世界保險業鉅子。

在 16 歲那一年，史東開始從事推銷保險的工作。第一次推銷的時候，他來到一棟大樓前猶豫不決，於是，他默默唸著自己信奉的座右銘：「如果你做了，沒有損失，還可能有大收穫，那就下手去做，馬上去做！」

然後，他勇敢地走入大樓，逐門進行推銷。結果，只有兩個人買了保險；但在了解自己和推銷術方面，他收穫不小。第二天，他賣出了 4 份保險；第三天，6 份。假期快結束時，他居然創造了一天 10 份的好成績，後來一天 10 份、20 份。

那時，史東發覺，他的成功，是因為自己有積極的心態並能積極行動起來的緣故。

20 歲時，史東在芝加哥開了一家保險經紀社—「聯合登記保險公司」，全公司只有他一個人。開業頭一天，史東銷出 54 份保險。漸漸地，事業一天比一天旺。有一天，他居然創造了 122 份的紀錄。

後來，史東在各州招人，在各處擴展他的事業；各州有一名銷售總管，領導銷售人員，他自己管理各地總管，那時的史東還不到 30 歲。

但那時候，整個美國籠罩在經濟大恐慌之中，大家都沒有錢買健康和意外保險，真有錢的又寧可把錢存下來以防萬一。這時，史東給自己加了幾條應付苦難的座右銘：銷售是否成功，決定於銷售人員，而不是顧客。如果你以堅定的、樂觀的心態面對困難，你反而能從中找到益處。結果，他每天成交的份數，竟與以前鼎盛時期的相同。

1938 年，史東成為一名百萬富翁，他所領導的保險公司，也成為了美國保險業首屈一指的大企業。

可見，積極的心態能夠使銷售員激發出自信、勤奮、努力、敬業和認真這些成功所必需的因素，並打造出超凡的銷售業績。

一個銷售員是積極還是消極，也許是天生的，但只要肯努力練習，悲觀的銷售員也能學會積極的思考。心理學家研究證明，如果你一發現自己有消極、自暴自棄的想法就得趕緊打住，如此便能重新評估情況，不至於感覺太糟糕。

美國聯合保險公司有一位名叫艾倫的銷售人員，他很想當公司的明星銷售人員。因此他不斷從勵志書籍和雜誌中學習，努力培養積極的心態。有一次，他陷入了困境，這是他平時進行積極心態訓練的一次考驗。

那是一個寒冷的冬天，艾倫在威斯康辛州一個城市裡的某個街區推銷保險，卻沒有一次成功。他自己覺得很不滿意，但當時他這種不滿是積極心態下的不滿。他想起過去讀過一些保持積極心境的法則。第二天，他在出發之前對同事講述了自己昨天的失敗，並且對他說：「你們等著瞧吧，今天我會再次拜訪那些顧客，我會售出比你們售出總和還多的保單。」

基於這種心態，艾倫回到那個街區，又訪問了前一天和他談過話的每個人，結果售出了 66 張新的事故保險單。這確實是了不起的成績，而這個成績是他當時所處的困境帶來的，因為在這之前，他曾在風雪交加的天氣挨家挨戶走了 8 個多小時而一無所獲。但艾倫能夠把這種對大多數人來說都會感到的沮喪，變成第二天激勵自己的動力，結果如願以償。

積極樂觀的心態不是每個人與生俱來的。當你發現自己缺乏樂觀心態時，不要失望沮喪，你完全可以透過心理訓練，有目的地培養自己積極的銷售心態。其中，最有效的辦法之一就是經常有意識地和積極樂觀的銷售員待在一起，從這些人身上獲得樂觀情緒的感染，調整自己的心態，從而把消極的情緒從大腦中排擠出去。正所謂，「近朱者赤，近墨者黑。」

無論如何，你要以樂觀向上的精神進行你的銷售事業，千萬不能因暫時的困難或挫折而灰心喪氣。逆境過後是順境，冬天過後是春天。讓積極樂觀的精神伴你一生，你的銷售事業必定會獲得成功。

銷售是從拒絕開始的

幾乎所有銷售人員都有一個共同的感受和經歷，就是成功的銷售是從接受顧客無數次拒絕開始的。勇敢地面對拒絕，並不斷從拒絕中汲取經驗教訓，不氣餒不妥協，這是銷售人員應學會的第一課。

顧客拒絕你的商品是一種完全正常的現象，實際上很多久經考驗的銷售員已經把遭到顧客拒絕當成了家常便飯。有些銷售員對顧客的頻頻拒絕感到受挫和不滿，其實顧客能夠對你及你的產品提出意見，這對你來說未嘗不是一件好事。假設一下，如果你約見的顧客只是坐在椅子上如木頭人一般，對你的介紹不聞不問，或者只是在那裡埋頭看報紙或文件，那你恐怕會感到更加尷尬吧。而且，不論顧客提出的拒絕理由是什麼，這些理由都會或多或少地給你提供相應的資訊，這其實就是為你這次銷售的成功創造了機會。

許多剛從事銷售業務的人，都會有這樣一種恐懼的心理。雖然這種恐懼心理是由多種原因造成的，但是其中最為主要的便是無法正確地面對顧客的無情拒絕。一而再，再而三，屢屢被顧客所拒絕，不僅會對業務員自信心是一個沉重地打擊，而且甚至會讓他產生一種恐懼的心理，給他的心理造成負擔，甚至可能從此以後，再也不敢去面對顧客，甚至可能還會因此退出業務銷售這一行業。

實際上所有顧客對於銷售員的拒絕，通常有拒絕銷售員本身、顧客本身有問題、對你的公司或者是產品沒有信心三種方式。

拒絕只是顧客的習慣性的反射動作，除非他聽了介紹就買—很可惜這樣的情況比較少，一般說來，唯有拒絕才可以了解顧客真正的想法，並且，拒絕處理是導入成交的最好時機。

銷售業內有這麼一句名言：「商品銷售的成功之路，是從被拒絕開始的！」

那麼，當你在遭到顧客拒絕的時候會怎麼辦呢？ 通常人在遭到別人拒絕的時候，可能會顯得很沮喪，從而悲觀失望，失去鬥志和信心； 可能是很不甘心面對失敗，也很想去努力，可是卻不知道應該從何著手；也可能非常坦然地面對失敗，認真地分析失敗的原因，並積極地總結失敗的經驗教訓，以迎接下一次的挑戰。

一個成功的銷售員，應該把被拒絕視為一件非常平常而又正常的事。打個比方吧，你也許曾經向自己心儀的女孩子或者男孩子示愛、求婚吧，雖然你被她（他）拒絕了，當時你可能會非常的痛苦吧，更為嚴重的，也許你甚至會想到輕生，然而隨著時間的推移，歲月的流逝，如果最終你活下來了，而且是健康地活下來了，那麼，至少說明了你已經度過了這段困難的時期，雖然你的心裡可能會永遠忘不了她（他），可是至少說明你並不是說非得要得到她（他）不可啊，沒有了她（他），你一定可以生存下去！不是嗎？

同樣的道理，如果把被顧客的拒絕當成是向異性朋友求愛失敗了，那麼，你又會怎麼做呢？是就此了結自己的一生，或者採取其他過激的方法，從而葬送自己一生的幸福呢，還是認真地思考一下，是否你們的關係還沒有到那個程度呢？還是你採取的方法、說話的場合或者時機不太適當？她（他）又為什麼拒絕你，是真的不喜歡你呢，還是有其他方面的原因？比如說她（他）是因為害羞而不敢立即答應你，還是說她（他）現在還不想談戀愛，或者她（他）已經有了熱戀中的情人，還是她（他）不喜歡你這種類型的人呢？諸如此類等等。

在經過了一段時間，慢慢地冷靜下來之後，你也許就會覺得，她（他）其實可能並不是最合適你或者是你最合適的人選。這時候，你再回頭想想當初的一切，那麼你就一定會有所收穫的，或許她（他）也會經過這一段時間的考慮，重新認識到你的好處和優點，從而重新選擇了你。

同樣的，一個優秀的銷售員必須具備吃閉門羹的氣量與風度，不管遭到顧客怎樣不客氣的拒絕，都必須能保持彬彬有禮，而且毫不氣餒，並把拒絕視為正常，心平氣和，不驕不躁。

然後，你才能要冷靜地去分析，顧客拒絕你的真正理由是什麼？也就是說，對方的心理特徵，或者他的潛意識行為表現出來的抗拒，你能否去掌握這些特點，透過他的言行舉止，從而掌握他內心真正的心理。

另外，顧客拒絕你，肯定有他的道理。那麼，他的道理到底在哪裡呢？是因為你的產品本質的問題，還是說你在陳述過程當中，你表達得不清楚，還是他本身就不需要這種服務等等。這是你必須要搞清楚的，否則你輸得不明不白，而且也難以進行總結。

因此，當銷售員遇到這種情況的時候，一定要以平和的心態去對待顧客的拒絕，顧客拒絕的時候，不要企圖馬上進行解釋或者辯解，甚至跟顧客發生衝突，這都是極為不理智的，也是非常愚蠢的行為。這時候，你必須冷靜下來，回去之後，再將你們洽談的整個過程包括全部的細節，再認認真真，仔仔細細地想一想，然後再分析其中的原因。如果可能的話，重新選擇一個更為適當的機會，再去與他進行第二的接觸，相信經過這個步驟的冷卻處理之後，雙方可能會因此作出更為正確的抉擇。

克服對於銷售的恐懼

恐懼，是每個人都有的一種情感。而且這種感情是與生俱來的，每個人都會有，並且會伴隨我們一生，沒有例外。每一人在社會生活的各方面都會有恐懼感的產生，特別是當遇到陌生或不利的環境時，恐懼感會更加強烈。

一位心理學家在課堂上講了心理暗示對於人們造成的重大影響，但是他的很多學生不以為然。他們認為心理暗示不過是某種藉口，不存在科學依據。於是，心理學家決定帶他的學生們去做一個試驗。他把他的學生們帶到了一個沒有開燈的黑屋子裡，屋子裡有一座窄窄的橋。心理學家問：「誰敢從這座橋上走過去？」不服氣的學生們一個接一個踏上那座窄橋，並順利地走了過去。

心理學家打開了一盞幽幽的小燈。燈光昏暗，但是學生們看清楚了橋下是漆黑的水潭。誰也不知道那水有多深，而且在幽幽的燈光下，水潭顯得更加詭異莫測。心理學家再次問：「現在，誰敢從這座橋上走過去？」學生們有些猶豫，但是大部分人還是走上那座橋，依舊小心翼翼走了過去。

心理學家再次打亮一盞燈，這盞燈的燈光較先前的那盞亮多了，學生們看到水潭裡的景象，心頭不禁打個冷戰。只見水潭裡有數不清的蛇游來游去，其中一條蛇還吐著長長的信子昂頭朝著那座橋。學生們無不倒吸一口冷氣，心裡在慶幸自己幸好沒有掉下去。心理學家再次問：「這下，誰還敢走過那座橋？」幾乎沒有學生敢再踏上那座橋了。

這時，只見心理學家踏上了那座橋，穩穩地走到了對面，學生們都驚呆了。心理學家沒有說話，只是再次打開一盞更亮的燈讓學生們細看，原來橋和水潭之間密布著一張細細的鐵絲網，學生們面面相覷。

心理學家這時開口了：「同學們，這就是我們心靈的力量。我們不知道，恐懼正是來自於我們的內心。在燈開亮之前，我們所有人都能夠小心地走過那座橋，那時候，黑暗對我們來說，不值得恐懼。反而是黑暗讓我們變得小心，而不至於出錯。但是，當燈被一盞盞打亮，我們被自己內心的恐懼限制住了，反而不敢邁步走向那座橋。其實，我們任何一個人都可以走過那座橋。那座橋，就是我們內心的力量。只要我們不被自己內心的恐懼所震懾，我們都有能力輕鬆地過橋。」

恐懼是人類與動物與生俱來的本能。生命中總有許多大大小小的恐懼，阻擋我們向前邁進的腳步。克服這些恐懼的唯一方式，就是面對它、接觸它、了解它。

銷售人員的恐懼多半來源於「不敢與人打交道」，缺乏社交的勇氣。新進銷售人員在這一點上尤為明顯，由於缺乏勇氣而遭到淘汰的銷售人員高達40%以上，這些人多半是在入職後不長的時間就暴露出這樣的問題。

美國銷售員協會曾經對銷售人員的拜訪做長期的調查研究，結果發現：48%的銷售人員，在第一次拜訪遭遇挫折之後，就退縮了；25%的銷售人員，在第二次遭受挫折之後，也退卻了；12%的銷售人員，在第三次拜訪遭到挫折之後，也放棄了；5%的銷售人員，在第四次拜訪碰到挫折之後，也打退堂鼓了；只剩下 10%的銷售人員鍥而不捨，毫不氣餒，繼續拜訪下去。結果80%銷售成功的個案，都是這 10%的銷售人員連續拜訪 5 次以上所達成的。

由此可見，一般銷售人員效率不佳，多半由於一種共同的毛病，就是懼怕客戶的拒絕。

有一位銷售員因為常被客戶拒之門外，慢慢患上了「敲門恐懼症」。他去請教一位大師，大師弄清他的恐懼原因後便說：「你現在想像自己站在即將拜訪的客戶門外，然後我向你提幾個問題。」

銷售員說：「請大師問吧！」

大師問：「請問，你現在位於何處？」

銷售員說：「我正站在客戶家門外。」

大師問：「那麼，你想到哪裡去呢？」

銷售員答：「我想進入客戶的家中。」

大師問：「當你進入客戶的家之後，你想想，最壞的情況會是怎樣的？」

銷售員答：「大概是被客戶趕出來。」

大師問：「被趕出來後，你又會站在哪裡呢？」

銷售員答：「就─還是站在客戶家的門外啊！」

大師說：「很好，那不就是你此刻所站的位置嗎？最壞的結果，不過是回到原處，又有什麼好恐懼的呢？」

銷售員聽了大師的話，驚喜地發現，原來敲門根本不像他所想像的那麼可怕。從這以後，當他來到客戶門口時，再也不害怕了。他對自己說：「讓我再試試，說不定還能獲得成功，即使不成功，也不要緊，我還能從中獲得一次寶貴的經驗。最壞最壞的結果就是回到原處，對我沒有任何損失。」這位銷售員終於戰勝了「敲門恐懼症」。由於克服了恐懼，他當年的銷售成績十分突出，被評為該行業的「優秀銷售員」。

由此可見，在銷售過程中，銷售人員只有克服恐懼，才能自在的與客戶交流。越是恐懼的事情就越要去做，你才可能超越恐懼，否則，恐懼就會成為你心中的大山，永遠橫在你的面前。

雖然每位銷售人員拜訪的對象也是普通人，但在拜訪過程中，大部分銷售人員均會或多或少地存在怕見客戶的畏懼心理。身為銷售人員如果不敢見客戶後果可想而知，那麼要克服這種心理障礙並且積極面對客戶，我們應該怎麼做呢？

銷售員戰勝恐懼的最好方法就是行動，行動是銷售成功的最佳途徑。行動不會失去什麼，相反地它會幫你增加膽量。在銷售過程中，只有大膽嘗試和行動才能有所收穫。心理學研究表明：思考沒有辦法化解任何一種不好的情緒，但行動卻可以。所以，一個成功的銷售員，要想克服銷售恐懼症，必須採取以下措施：強迫自己不斷地採取行動。當你離開一間辦公室時，要立刻衝進另一間辦公室，用說話的聲音來化解畏懼。提高說話的聲音，把說話的速度加快一點，臉上保持微笑，心裡就不會出現特別恐慌的感覺了。只要你能按照此處提供的方法去實踐，就一定能夠克服銷售恐懼症，成為一個優秀的銷售員。

進取心助你一圓銷售之夢

「進取心」是成功的關鍵因素。如果一個人具有「進取心」，證明他具備常人所沒有的能力，有了「進取心」，他就會在生活與工作中充滿激情，才會更有可能先於他人抵達成功的彼岸。

奧格．曼狄諾（Og Mandino）是當今世界上最能激發起讀者閱讀熱情和自學精神的作家。他出生於美國東部的一個平民家庭。在 28 歲以前，他曾有過美滿的生活。但是後來，他遭遇到了人生的不幸，失去了自己一切寶貴的東西—家庭、房子和工作，幾乎赤貧如洗。於是，他如盲人騎瞎馬，開始到處流浪，尋找自己、尋找賴以度日的種種答案。在一次偶然的機會裡，他認識了一位受人尊敬的神父，也許是受他蒼白的臉龐和憂鬱的眼神所影響，神父和他交談，並解答了他提出的許多人生的困惑。臨走的時候，神父送給他十二本書，讓他從中找到了做人的道理。

從此，奧格．曼狄諾找到了自己的生活熱情和勇氣。在以後的日子裡，他賣過報紙、推銷過產品、當過銷售經理……在這條他所選擇的道路上，充滿了機遇，也滿含著辛酸。不過，他已戰勝了自己，因為他擁有了進取的力量。他認為一個人要想做成大事，絕不能缺少進取的力量，進取的力量能夠驅動人不停地向上提升自己的能力，把成功者的天梯搬到自己的腳下。在這種力量的驅使下，終於，在35歲生日的那一天，他創辦了自己的企業—《無限》雜誌社，從此步入了富足、健康、快樂的樂園，並在44歲的時候出版了《世界上最偉大的推銷員》。該書一經問世，不同國籍、不同階級、數以百萬計的讀者信任並感激奧格·曼狄諾，他們在書裡發現了擺脫苦難的魔力，找到了照耀幸福的火炬，並因此改變了生活的軌跡。事後，有人問曼狄諾為何會走向成功？他斬釘截鐵地回答說：「因為我的身上有一股進取的力量，這股力量的來源就是我有一顆進取心。」

可見，進取心是一個人成功最重要的原因之一，是一個人不斷成長、不斷取得新成績的直接動力。沒有進取心，就很難產生成功的動力，成功就少了支點。

進取心是一名銷售人員能夠取得成功的核心，因為銷售這個職業並不是所有人都能夠勝任的，只有一部分具有較強進取心的人才能夠成為好的銷售員。

進取心是一種永不停息的自我推動力，激勵著人們向自己的目標前進，為了更好的明天而奮鬥。一個成功的銷售人員必須擁有強烈的進取心，表現在行動上，就是肯動腦和勤快。只有這樣，你才能在銷售中屢敗屢戰，屢戰屢勝。

推銷之神原一平1936年時的銷售業績，在公司中已經是名列第一了，但他並沒有因此而滿足，仍然保持著強烈的進取心，他構想了一個大膽而又出格的銷售計畫，找保險公司的董事長串田萬藏，要一份介紹日本大企業高層人員的「推薦函」，大幅度、跨階級地推銷保險業務。因為串田先生不僅是明治保險公司的董事長，還是三菱銀行的總裁、三菱總公司的理事長，是整個三菱財團名副其實的最高首腦。原一平透過他經手的保險業務，不但可以打入三菱的所有組織，而且還能打入與三菱相關的最具代表性的全部大企業中。

但原一平並不知道保險公司早有嚴格的規定：凡是從三菱來明治工作的高層人員，絕對不協助介紹保險客戶，當然這也包括董事長串田。

為了這突破性的構想，原一平坐立不安，他咬緊牙關，發誓要實現自己的銷售計畫。他非常有信心地推開了公司主管銷售業務的常務董事阿部先生的門，請求他代向串田董事長要一份「推薦函」。阿部聽完原一平的計畫後，默默地瞪著原一平不說話，過了很久，阿部才緩緩地說出了公司的規定，回絕了原一平的請求。原一平卻不肯打退堂鼓，問道：「常務董事，我能不能自己去找董事長，當面提出請求？」阿部的眼睛瞪得更大了，更長時間的沉默之後，說了 5 個字：「姑且一試吧。」說完，就擠出一副難以言喻的笑容，把原一平打發出門了。

過了幾天，原一平終於接到了約見通知，興奮不已的他來到三菱財團總部，層層關卡，漫長的等待，把原一平的興奮勁耗去大半。他疲乏地倒在沙發裡，迷迷糊糊地睡著了。不知過了多長時間，原一平的肩頭被戳了幾下，他愕然醒來，狼狽不堪地面對著董事長。串田大喝一聲：「找我有什麼事？」原一平還沒有清醒過來，當即就被嚇得差點說不出話來，想了一會兒才結結巴巴地講了自己的銷售計畫，剛說出：「我想請您介紹……」串田就截斷他的話：「什麼？你以為我會介紹保險這玩意？」

原一平在來這之前，就想過自己的請求會被拒絕，還準備了一套辯駁的話，但萬萬沒有料到串田會輕蔑地把保險業務說成「這玩意」。他被激怒了，大聲吼道：「你這混帳的傢伙。」接著又向前跨了一步，串田連忙後退一步。「你剛才說保險這玩意，對不對？公司不是一向教育我們說：『保險是重要的事』嗎？你還是公司的董事長嗎？我這就回公司去，向全體同事傳播你說的話。」原一平說完轉身就走了。

一個無名的小職員竟敢頂撞、痛斥高高在上的董事長，使串田十分生氣，但對小職員話中「等著瞧」的潛臺詞，又不得不認真地去思索。

原一平走出三菱大廈後，心裡非常不平靜，他為自己的計畫被拒絕又是氣惱又是失望，當他無可奈何地回到保險公司，向阿部說了事情的經過，剛要提出辭職，電話鈴響了，是串田打來的，他告訴阿部，原一平剛才對他的惡語相向，讓他十分生氣，但原一平走後他再三深思。串田接著說：「保險公司以前的規定確實有問題，原一平的計畫是正確的，我們也是保險公司的高層人員，理應為公司貢獻一份力量幫助擴展業務。我們還是參加保險吧。」

放下電話，串田馬上召開臨時董事會。會上決定，凡三菱的有關企業必須把全部退休金投入明治公司，作為保險金。原一平的頂撞痛斥，不僅贏得了董事長的敬服，還獲得了董事長日後充滿善意的全面支援，他慢慢地實現了自己的宏偉計畫：3 年內創下了全日本第一的推銷紀錄，43 歲後，15 年裡一直保持著全國推銷冠軍，連續 17 年推銷額達百萬美元。

正是由於原一平有著積極進取的精神，他才能取得巨大的成績。可見，進取心是一個銷售員不斷成長、不斷取得新成績的直接動力。沒有進取心，就很難產生成功的動力，成功就少了支點。

現實中不少銷售人員的失敗，就在於他們缺乏強烈的進取心和積極行動的作風。銷售是一個長期事業，絕不是推著產品去賣這麼簡單的事情。成功的銷售是智慧和辛勤的結晶，它需要銷售員為自己定下預期的銷售目標及理想的利潤，並以強烈而旺盛的進取心去達成目標及任務。身為一名銷售員，只有具備進取心才能不安於現狀和已經取得的成績，不斷朝著新的目標前進。

成功的銷售員往往是勇敢的人

銷售是勇敢者才能從事的職業。從事銷售行業的人，可以說是面對拒絕打交道的人，讓無心購買東西的人購買你的產品，可想而知它的難度有多大。所以說，銷售是一種高風險的行業，不是一些懦弱的人所能承受的，只有勇敢者才有希望在銷售行業中建功立業，成就輝煌人生。

傑夫．荷伊芳剛剛開始做銷售工作的時候，有一次，他聽說百事可樂的總裁卡爾．威勒歐普將到科羅拉多大學演講。於是，傑夫就找到為卡爾先生安排行程的人，希望對方能安排個時間讓他與百事可樂的總裁會面。可是那個人告訴傑夫，總裁的行程安排得很緊湊，最多只能在演講後的 15 分鐘與傑夫碰面。

於是，在卡爾先生演講的那天早晨，傑夫就到科羅拉多大學的禮堂外面苦等，守候這位百事可樂的總裁。

卡爾先生演講的聲音不斷地從裡面傳來，不知過了多久，傑夫猛然驚覺，預定的時間已經到了，但是卡爾先生的演講還沒有結束，已經多講了五分鐘。也就是說，自己和卡爾會面的時間只剩下十分鐘了。他必須當機立斷，做個決定。

於是，他拿出自己的名片，在背面寫下幾句話，提醒卡爾先生後面還有個約會：「您下午兩點半和傑夫．荷伊芳有約。」然後，他做了一個深呼吸，推開禮堂的大門，直接從中間的走道向卡爾走去。

卡爾本來還在演講，見他走近，便停了下來。這時，傑夫把名片遞給他，隨即轉身循原路走回來，還沒走到門邊，就聽到卡爾告訴臺下的聽眾，說他約會遲到了，謝謝大家今天來聽他演講，祝大家好運。說完，他就走到外面與傑夫碰面。

此時，傑夫坐在那裡，全身神經緊繃，呼吸幾乎快要停止了。卡爾看看名片，接著對他說：「讓我猜猜看，你就是傑夫，對吧！」於是，他們就在學校裡找了一個地方，自在地暢談了一番。

結果他們整整談了 30 分鐘之久。卡爾不但花費寶貴的時間告訴他許多精彩動人的故事，而且還邀傑夫到紐約去拜訪他和他的工作夥伴。不過，他賜給傑夫最珍貴的東西，則是鼓勵他繼續發揮先前那種大無畏的勇氣。卡爾說：「不論在商場或任何領域，最重要的就是『勇氣』。當你希望達成某件事時，就應具備採取行動的勇氣，否則最後終將一事無成。」

在銷售過程中，銷售員第一個推銷的應該是他的勇氣，這是每一個從事銷售工作的人都要牢記的法寶。

每個銷售員都有提升銷售業績的想法，為什麼大多數的想法被擱置了，其主要原因就是缺乏勇氣，想為不敢為，結果一事無成。在每個銷售員的工作中，都有許多面臨害怕做不到的時刻，因而畫地為牢，使無限的潛能化為有限的成就。

對銷售員來說，最需要勇氣的就是勇於面對客戶的拒絕。銷售是一種推銷自己的職業，更是一種勇敢的職業。當銷售員向別人推銷產品，他們面對的不僅僅是別人，也是自己。有一些銷售員，當他們在銷售過程中遭到拒絕後，往往會產生一種心理障礙，害怕再去向別人推銷商品。事實上，銷售員業績不佳，不見得是他們懶惰無能的結果，真正的原因很可能是他們害怕自我推銷。當他們產生恐懼心理後，在下一次的銷售過程中就會表現得更差。然而如果連他們自己都沒有信心，別人又怎麼能夠信任他們呢？

所以，對銷售員來說，勇氣是非常重要的，勇氣是你行動的動力。身為銷售員，應該克服自己恐懼心理，讓勇敢在你的心裡生根發芽。

為自己加油打氣

對於銷售人員來說，自我激勵，自我鼓勵是非常重要的。這是銷售人員的動力，是銷售人員的勇氣，是銷售人員的信心。

張語浠在寶僑實習剛一個星期，由於對這個行業簡直就是一無所知，幾乎沒有任何出色的業績，僅僅出售了幾瓶沐浴乳，看著旁邊其他品牌的促銷員，心中真不是滋味。學習經濟管理四年，期間的刻苦努力不說，只為將來能做出一番業績來。可是剛小試人生，就對自己的才智與能力打了一個折扣。其實他一點也不比別人笨，行銷的理論都知道，為什麼在實際的銷售中沒有業績呢？面對一天不如一天的現狀，他的思維開始動搖了，自己到底能不能繼續勝任這份工作。

張語浠和經理談了自己的想法，經理勸他要對自己充滿信心，不要放棄，如果自己對自己都沒有信心，那麼別人對你還會有信心嗎？他希望張語浠能夠再堅持一個星期，並且參加全體員工工作會議，每個人都要講自己在銷售中遇到的實際情況，再說是如何考慮，如何解決的。經理的話使他感到備受鼓舞，沒有人可以幫他，只有靠自己了。他終於找到了困擾他的主要問題：面對失敗，總是以悲觀的角度思考問題，一味地認為自己不行，為何不能讓自己換個角度來看呢？

「天降大任於斯人也」，這或許是上天對自己的一種考驗，為什麼不能用積極的態度去面對，用足夠的熱情來改變自己的心情呢？如果能夠對待每個顧客都懷有十二分的熱情和努力，讓自身達到最佳狀態，就能夠去感染周圍的人。

於是，他發誓要在一個星期內改變現狀。這幾天他做得十分輕鬆，每天都對自己說：「今天是美好的，我一定要拿第一。」付出總有會有回報，在第五天，他終於拿了第一名的銷售成績，他將這個好消息告訴了經理，經理鼓勵他說：「相信自己，繼續努力。」這是十分平常的一件小事，可是對他來說卻不然。這讓他明白自己是有能力有潛力的，只要堅持自己的信念，頑強奮鬥，沒有辦不到的事情。

由此可見，當你沮喪、悲觀失望的時候，一定要不斷地自我激勵。只有鼓勵自己，堅定信心，才會創造出輝煌的成績。

日本的「推銷之神」原一平，從 25 歲開始做推銷員。他身高只有 145 公分，又小又瘦，橫看豎看，實在缺乏吸引力，可以說是先天不足。

在他剛開始推銷的時候，遭受了太多的挫折，甚至曾經落魄得夜宿街頭。為了爭取一份保單，他甚至前後多次拜訪同一個顧客，使得對方最終被他的誠意所打動了。其後即便在連續的 10 年全國銷售業績冠軍的期間，他依舊會平均每個月碰到兩三次挫折。那麼是什麼讓他有勇氣面對一次又一次的挫折的呢？是什麼支撐著他重複地處理顧客的不滿和異議的呢？

他說：「我常因工作遭遇挫折心灰意冷，不過，只要發現我自己陷入低潮，我總是設法鼓勵自己，使自己能夠很快地恢復幹勁。」

銷售是一項極其富有挑戰性的工作，與技術人員、行政人員相比，銷售人員背負著更大的工作壓力。在銷售中，我們經常要遇到困難、挫折、挑戰以及我們自己的懶惰、貪心、享樂等個人劣性，當面對背井離鄉、孤軍奮戰的寂寞，無法完成銷售任務的沮喪，廣告促銷效果不佳的困惑，客戶故意刁難的氣憤，與客戶談判陷入僵局的無奈等等挫折和壓力時，潛意識總是使我們傾向恐懼或退縮，從而導致我們銷售失敗。怎樣才能解救自己免於困境呢？我們必須學會自我激勵，有效的進行自我激勵應該做到：

1. 調高目標：真正能激勵銷售人員奮發向上的是：確立一個既宏偉又具體的銷售目標。許多銷售人員之所以達不到自己孜孜以求的目標，是因為他們的主要目標太小，而且太模糊，使自己失去動力。如果你的主要目標不能激發你的想像力，目標的實現就會遙遙無期。

2. 讓自己變成強者：銷售工作是一項與人打交道的差事，人際交往能力是每一個銷售人員的基本功，也是最有力的武器。單純想靠產品好、公司政策好、廣告影響力大、市場需求大而去做銷售，那麼你幾乎不可能找到這樣的好差事。銷售本來就是一件困難而富有挑戰性的工作，事實上，很多人之所以選擇從事這項工作的動機，就是因為自己喜歡迎接和應對挑戰。弱者永遠不可能成為一個銷售事業的成功者，除非他首先改變自己，使自己成為一個強者。
3. 保持良好的心態：良好的心態，有助於擺脫挫折感，在受挫折時不斷地給自己好的心理暗示，多想一些讓自己興奮和開心的事情，多想想事情的積極面。
4. 正視危機：危機能激發我們竭盡全力。無視這種現象，往往會使我們愚蠢地創造一種舒適的生活方式，使自己的生活看似風平浪靜。當然，我們也不必只是等待危機或悲劇的到來；時時做好準備迎接挑戰，能夠使我們的心靈富有生命力。
5. 適當給自己獎勵：當自己完成一個階段性的任務，獲取階段性成果的時候，要給予自己適當的獎勵，以維持自己的工作狀態；同時展望下一個工作目標時，對自己許下一個願望，如果能夠達成，要如何給自己獎勵，以維持工作的激情。
6. 控制好情緒：人開心的時候，體內就會產生奇妙的變化，從而獲得新的動力和力量。但是，不要總想向外尋求快樂。令你開心的事不在別處，就在你身上。因此，找出自身的情緒高漲期用來不斷激勵自己。

野心能成就夢想

傳統觀念中，對「野心」的態度往往是排斥的，自古以來，「野心」在多數人的眼中是個貶義詞。如果你形容一個人有「野心」，那就表示這個人占有欲很強，好像要搶走別人的東西似的，他會很不高興。不過，現在有心理專家研究表明，「野心」是成功的關鍵因素。如果一個銷售人員具有「野心」，證明他具備常人所沒有的能力，有了「野心」，他就會在銷售工作中充滿激情，才會更有可能先於他人抵達成功的彼岸。

野心是什麼？野心就是目標，就是理想，就是企圖，就是賺錢的原動力！美國哈佛大學的畢業生有一個共同的特點，就是都有著自命不凡的心態和野心！「世界最優秀的人才是我們！」「我能成為世界上最大、最好的公司的 CEO！」這種野心，成為哈佛的寶貴財富，造就了一批又一批政治家、科學家和企業管理菁英。人是需要有野心的，野心是我們向前衝的原動力。野心有如膽汁，它是一種令人積極、認真、敏捷、好動的體液—假如它不受到阻止的話，你將會在生活和工作中取得非凡的成就。

某外國電視臺有一檔名為《誰是未來的百萬富翁》的智力遊戲節目，獲勝者將會得到 100 萬元的獎勵。因為獎金豐厚，懸念迭出，吸引許多觀眾。這檔節目的遊戲規則是：每答對一道題目，就可以獲得相應的獎勵，而如果繼續答題時沒有回答正確，那麼就會終止比賽，並且沒收已經取得的獎勵。

自節目開播幾十期以來，雖然參賽者高手如雲，但真正一路過關斬將並贏得 100 萬元鉅額獎金的人，從來沒有出現過。相反，能夠在節目中有所收穫的只是一些見好就收的人。因此，幾乎所有的參與者都學乖了，最多到 10 萬左右，便放棄答題，退出比賽。直到一位叫克拉馬的年輕人的參與，才第一次產生了百萬獎金得主。

令人奇怪的是，克拉馬取得的百萬鉅款並不是因為他知識淵博，據當地媒體評論說，成就克拉馬的不是他的學問，而是他的心理素養和野心。因為在 50 萬之後，每一道題都相當簡單，只需略加思考，便能輕鬆答出。

那麼多人與鉅額獎金失之交臂，都是因為自己「見好就收」，沒有成為百萬富翁的野心。

由此可見，野心是獲取財富的原動力，動力越大，其行動就越有力，行動越有力，實現財富夢想的機率就越大。這些都是成正比的。如果你想成為銷售菁英，獲得銷售的成功和鉅額的財富，你就必須要讓你自己的野心變得非常強烈，只有擁有強烈的野心才能使你奮進。

巴拉昂是一位年輕的媒體大亨，靠推銷裝飾肖像畫起家，不到 10 年時間，就迅速躋身法國 50 大富翁之列，1998 年因病去世。臨終前，他留下遺囑，除了把自己的鉅額資產捐獻給醫院外，另有 100 萬法郎作為獎金，給揭開貧窮之謎的人。

他在遺囑中說：「我曾是一個窮人，去世時卻是以一個富人的身分走進天堂的。在跨入天堂的門檻之前，我不想把我成為富人的祕訣帶走，現在祕訣就鎖在法蘭西中央銀行我的一個私人保險箱內，保險箱的 3 把鑰匙在我的律師和兩位代理人手裡。誰若能透過回答窮人最缺少的是什麼而猜中我的祕訣，他將能得到我的祝賀。當然，那時我已無法從墓穴中伸出雙手為他的睿智祝賀，但是他可以在那個保險箱裡榮幸地拿走 100 萬法郎，那就是我給予他的掌聲。」

當這份遺囑在報紙上刊登後，雪片般的信件寄到了報社。

人們是怎麼回答的呢？絕大多數人認為，窮人最缺少的是金錢，有錢了就不是窮人了。還有些人認為，窮人最缺少的是機會，一些人之所以窮，那是因為沒遇到好機會。另一些人認為，窮人最缺少的是技能，或者幫助和關愛，或者漂亮的外套。

在巴拉昂逝世週年紀念日，那個保險箱在公證部門的監視下被打開了。在 48,561 封來信中，只有一位叫蒂勒的小女孩猜對了巴拉昂的祕訣，那就是窮人最缺少的是野心，即成為富人的野心。

由此可見，野心，實際上就是一種生活目標，一種人生理想。如果你現在沒有成功，沒有地位，沒有財富，無關緊要，只要你有野心，有把野心貫徹到底的智慧、毅力和勤奮，那麼你站在金字塔的塔頂的時刻就指日可待。

銷售菁英必備的行動意識

主動是什麼？主動就是「沒有人告訴你而你正做著恰當的事情」。在競爭異常激烈的時代，被動就會錯失良機，主動就可以占據優勢地位。我們的事業、我們的人生不是上天安排的，是我們主動去爭取的。如果你積極行動，不但鍛鍊了自己，同時也為自己未來的工作積蓄了力量。所以，優秀的銷售人員必須主動出擊，不能消極等待，唯有主動能贏得一切。

主動出擊而不是等待

在競爭日益激烈的今天，一個人要想在競爭中掌握優勢，就必須得在日常的工作生活中，學會主動出擊，主動迎接面臨的挑戰，以積極的精神贏得競爭的勝利。

主動是一種態度，更是一種可貴的風範，它反映在人的思維、行動以及整體的氣質面貌上。它展現了旺盛的生命熱情，有效地激勵自己，更大限度地促進自我的潛能開發。

美國一位壽險業的銷售冠軍，在被問到如何銷售保險的時候，他說在大學的時候，全校幾乎所有的美女都跟他約會過，問的人很納悶：「這跟保險有什麼關係？」

他回答說：「很有關係，因為這些所謂的校園美女，大部分的男士都不敢追求她們，他們都是被動的，都怕被拒絕。」

但他知道，這些美女都是很寂寞的，他不斷主動出擊，因此每次都奏效。

正因為他跟學校所有的美女都約會過，所以當他從事保險業的時候，他想，這些成功的人士，大家一定都不敢去拜訪，或者認為他們已經買了保單。

然而，他不斷地主動出擊，不斷地拜訪他們，在說服了這些董事長購買保單之後，董事長的朋友也都是成功人士，這些成功人士不斷地介紹朋友給他，因此他成為保險業的佼佼者。

由此可見，在日常銷售工作中，銷售人員應該要有積極主動的精神，以及勇於主動出擊的魄力，去接近我們的客戶，了解客戶，推廣介紹我們的產品，贏得客戶的信賴。

為此，我們在日常銷售工作中應當做到：

1. 給客戶良好的第一形象：在我們的實際銷售工作中，每天都要面對無數的陌生的潛客戶。因此，我們在接近每一個我們的潛客戶時，打理形象是我們進行主動出擊前的必修課。因為，人的外在形象會帶給人心理暗示，我們接近潛客戶前應盡可能使自己的外觀形象給初次見面的客戶良好的印象。

2. 主動開發和拓展客戶：開發客戶是銷售人員業務開拓、業績成長的需求。只有先開發客戶，才能開展實際的銷售工作。身為一個銷售人員必須要過客戶開發這一關，客戶開發是檢驗你是否是一個合格的銷售人員的試金石，也是你主要的經濟收入來源。如果不懂如何開發客戶，那你就無法在這個市場上生存。

3. 主動詢問客戶需求：針對我們的工作性質和工作目標，在完成接近客戶之後，可以適時介紹我們的產品，同時應利用一切有利的條件和工具，主動詢問客戶的需求，了解客戶的急需，同時為客戶解決他的疑慮，引導客戶達成協議，實現溝通目的。

4. 主動為客戶著想：只有站在客戶利益上，主動地為客戶著想，你才能發現事業的魅力，才有發展的機遇。在銷售之路中，客戶中各類人都有，我們的服務應當永遠站在客戶的立場考慮問題。身為銷售人員，我們應該走出自我的限制，想盡辦法走入客戶的心裡世界。我們的第一步不是賣產品，而是不對客戶需求做主觀的判斷，培養對方成為我們的客戶。當信任關係真正落實時，我們才能建立起向客戶推廣產品的通道。

5. 主動學習，具備廣博的知識：銷售人員要和形形色色、各種階級的人打交道，不同的人所關注的話題和內容是不一樣的，只有具備廣博的知識，才能與對方有共同話題，才能談得投機。因此，銷售人員要主動地涉獵各種書籍，無論天文地理、文學藝術、新聞、體育等，只要有空閒，就要養成不斷學習的習慣。

主動收集客戶資訊

客戶資訊是銷售人員了解客戶實際情況的重要工具之一，對於銷售人員的銷售和服務工作有著至關重要的參謀作用。

搜集客戶的相關資訊和資料可以幫助你接近顧客，使你能夠有效地跟顧客討論問題，談論他們自己感興趣的話題。有了這些資料，你就會知道他們喜歡什麼，不喜歡什麼，你可以讓他們高談闊論，興高采烈，手舞足蹈……只要你有辦法使顧客心情舒暢，他們不會讓你大失所望。因此，在實際工作中，我們應該主動收集和整理客戶的資訊資料，並予以充分運用。

詹森是某保險公司的銷售員。有一次，他乘坐計程車，在一個路口遇到紅燈停了下來，跟在後面的一輛黑色轎車也與他的車並列停下。從窗口望去，那輛豪華轎車的後座上坐著一位頭髮斑白但頗有氣派的紳士正閉目養神。

就在一瞬間，詹森的潛意識告訴他：機會來了。記下了那輛車的車牌後，他打電話到監理站查詢那輛車的主人，事後，他得知那輛車是一家外貿公司總經理科比先生的車子。

於是，他對科比先生進行了全面調查。隨著調查的深入，詹森又知道了科比先生是加州人，於是他又向同鄉會查詢得知科比先生為人幽默、風趣又熱心。最後，他終於清楚地知道了科比先生的一切情況，包括學歷、出生地、家庭成員、個人興趣、公司的規模、營業專案、經營狀況，以及他住宅附近的情況。

調查完畢之後，詹森便開始想辦法接近科比先生。由於先前的資訊搜集工作做得好，詹森早已知道科比先生的下班時間，所以他選定一天，在這家外貿公司的大門口前等候。

下午5點，公司下班了。公司的員工陸續走出大門，每個人都服裝整齊、精神抖擻，愉快地在門口揮手互道再見。公司的規模看來不大，但是紀律嚴明，而且公司的上上下下充滿著朝氣與活力。

詹森把看到的一切立刻記在資料本上。

5點半，一輛黑色轎車駛到公司大門前，詹森睜眼一看，車牌號碼—正是科比先生的車。很快地，科比先生出現了，雖然詹森只見過他一次，但經過調查之後，他對科比先生已經非常熟悉，所以一眼就認出來了。

萬事俱備，只欠東風。後來，詹森找了一個機會與科比先生攀談起來，科比先生很驚訝於詹森對他的了解，而且對詹森的談話也表現得很感興趣。

接下來的事自然就順理成章，詹森向科比先生推銷保險時，他愉快地在一份保單上簽上了名字。

後來，兩個人成了很好的朋友，科比先生在事業上還給了詹森不少的幫助。

對於銷售人員來說，客戶資訊是一筆財富，把對客戶的調查看成是銷售的一部分，工欲善其事，必先利其器，情報資訊工作對於未來的銷售價值是會不斷增大的。

主動打電話開發客戶

開發客戶是銷售的第一步，在確定市場區域後，銷售人員就得找到潛在客戶在哪裡並和其取得聯繫。如果不知道潛在客戶在哪裡，你向誰去銷售你的產品呢？事實上銷售人員的大部分時間都在尋找潛在客戶，你打算把你的產品或者服務銷售給誰？誰有可能購買你的產品，誰就是你的潛在客戶。

成功銷售的能力，與你的客戶品質直接相關。因此，銷售最關鍵的一步就是準確找到需要你產品或服務的人。然而，並不是每個企業都能清楚地告訴它的銷售人員，如何開發客戶，找到需要自己產品和服務的人。所以，這一直是令銷售人員「頭痛」的事情，那麼，究竟開發客戶有哪些適用的方法呢？

➤➤➤➤ 銷售菁英必備的行動意識

以下 10 條「銷售聖訓」是進行成功銷售和開發客戶的法則。實踐證明它們是行之有效的。

1. 在打電話前準備一個名單：如果不事先準備名單的話，你的大部分銷售時間將不得不用來尋找所需要的名字。你會一直忙個不停，總是感覺工作很努力，卻沒有打上幾個電話。因此，在手頭上要隨時準備個可以供一個月使用的人員名單。

2. 電話要簡短：打電話做銷售拜訪的目標是獲得一次會面。你不可能在電話上銷售複雜的產品或服務，而且你當然也不希望在電話中討價還價。電話做銷售應該持續大約 3 分鐘，而且應該專注於介紹你自己，你的產品，大概了解一下對方的需求，以便你給出一個很好的理由讓對方願意花費寶貴的時間和你交談。最重要的別忘了約定與對方見面。

3. 盡可能多地打電話：在尋找客戶之前，永遠不要忘記花時間準確地定義你的目標市場。如此一來，在電話中與之交流的，就會是市場中最有可能成為你客戶的人。

   如果你僅給最有可能成為客戶的人打電話，那麼你不一定能聯繫到最有可能大量購買你產品或服務的準客戶。在這一小時中盡可能多打電話。由於每一個電話都是有可能談成生意的，多打總比少打好。

4. 避開電話高峰時間：如果利用傳統的銷售時段並不奏效的話，就要避開電話高峰時間進行銷售。

   一般來說，人們撥打銷售電話的時間是在早上 9 點到下午 5 點之間。所以，你每天也可以在這個時段騰出一小時來作銷售。

   如果這種傳統銷售時段對你不奏效，就應將銷售時間改到非電話高峰時間，或在非高峰時間增加銷售時間。你最好安排在上午 8:00 ～ 9:00、中午 12:00 ～ 13:00 和 17:00 ～ 18:30 之間銷售。

5. 變換致電時間：我們都有一種習慣性行為，你的客戶也一樣。很可能你們在每週一的 10 點鐘都要參加會議，如果你不能夠在這個時間成功連絡上他們，就要從中汲取教訓，在該日其他的時間或改在別的日子打電話給他。你會得到出乎預料的成果。

6. 每天至少安排一小時進行銷售：銷售，就像任何其他事情一樣，需要紀律的約束。銷售總是可以被推遲的，你總在等待一個時機更有利的日子。其實，銷售的時機永遠都不會有最為合適的時候。

7. 專注工作：在銷售時間裡不要接電話或者接待客人。充分利用銷售經驗曲線。正像任何重複性工作一樣，在相鄰的時間片段裡重複該項工作的次數越多，經驗的累積就會使你變得越優秀。

   銷售也不例外。你的第二個電話會比第一個好，第三個會比第二個好，以此類推。在體育運動裡，我們稱其為「漸入最佳狀態」。你將會發現，你的銷售技巧實際上隨著銷售時間的增加而不斷改進。

8. 不要停歇：毅力是銷售成功的重要因素之一。大多數的銷售人員都是在第 5 次電話談話之後才進行成交的。然而，大多數銷售人員則在第一次電話後就停下來了。

9. 客戶的資料必須井井有條：你所選擇的客戶管理系統應該要能夠很好地記錄你企業所需要跟進的客戶，不管是三年之後才跟進，還是明天就要跟進的。

10. 開始之前先要預見結果：這條建議在尋找客戶和業務開拓方面非常有效。銷售員的目標是要獲得會面的機會，因此銷售人員在電話中的措辭就應該圍繞這個目標而設計。

主動招攬客戶的方法

在銷售活動的整個過程中，接近客戶無疑是打基礎的階段，也是最容易被拒絕的難關。這一關過好了，給客戶留下一個不錯的第一印象，那以後的幾個環節相對而言就容易一些；否則，後面你就要付出更大代價，甚至無法成交。

讓我們來看看下面兩個銷售範例：

銷售人員Ａ：「有人在嗎？我是某某公司的銷售人員。在百忙中打擾您，想要向您請教有關貴商店目前使用收銀機的事情？」

商店老闆：「哦，我們店裡的收銀機有什麼毛病嗎？」

銷售人員Ａ：「並不是有什麼毛病，我是想是否已經到了需要換新的時候。」

商店老闆：「沒有這回事，我們店裡的收銀機狀況很好呀，使用起來還像新的一樣，嗯，我不打算換臺新的。」

銷售人員Ａ：「並不是這樣喲！對面張老闆已更換了新的收銀機呢。」

商店老闆：「不好意思，我們暫時不打算更換，以後再說吧！」

接下來，我們再看看另一個銷售員接近客戶的範例。

銷售人員Ｂ：「鄭老闆在嗎？我是某某公司銷售人員，在百忙中打擾您。我是本地區的銷售人員，經常經過貴店。看到貴店一直生意都是那麼好，實在不簡單。」

商店老闆：「您過獎了，生意並不是那麼好。」

銷售人員Ｂ：「貴店對客戶的態度非常的親切，鄭老闆對貴店員工的教育訓練，一定非常用心，我也常常到別家店，但像貴店服務態度這麼好的實在是少數；對街的張老闆，對您的經營管理也相當欽佩。」

商店老闆：「張老闆是這樣說的嗎？張老闆經營的店也是非常的好，事實上他也是我一直為目標的學習對象。」

銷售人員 B：「鄭老闆果然不同凡響，張老闆也是以您為效仿的對象，不瞞您說，張老闆昨天換了一臺新的多功能收銀機，非常高興，才提及鄭老闆的事情，因此，今天我才來打擾您！」

商店老闆：「喔！他換了一臺新的收銀機呀？」

銷售人員 B：「是的。鄭老闆是否也考慮更換新的收銀機呢？目前您的收銀機雖然也不錯，但是如果能夠使用一臺有更多的功能，速度也較快的新型收銀機，讓您的客戶不用排隊等太久，因而會更喜歡光臨您的店。請鄭老闆一定要考慮這臺新的收銀機。」

上面這兩個範例，您看完後，您有什麼感想呢？我們比較銷售人員 A 和 B 的接近客戶的方法，很容易發現，銷售人員 A 在初次接近客戶時，單刀直入地詢問對方收銀機的事情，讓人有突兀的感覺，因而遭到商店老闆的拒絕。而銷售人員 B 則能夠和客戶以共同對話的方式，在卸下客戶的「心防」後，才自然地進入銷售商品的主題，從而銷售成功。可見，在接近客戶時，掌握一定的方式、方法是十分必要的。

下面為大家介紹幾種在銷售實踐中接近客戶常用的方法：

1. 介紹接近法。是指銷售人員自己介紹或由第三者介紹而接近銷售對象的方法。介紹的主要方式有口頭介紹和書面介紹。
2. 產品接近法。是指銷售人員直接利用介紹產品的賣點而引起客戶的注意和興趣，從而接近客戶的方法。
3. 利益接近法。是指銷售人員透過簡要說明產品的利益而引起客戶的注意和興趣，從而轉入面談的接近方法。利益接近法的主要方式是陳述和提問，告訴購買要銷售的產品為其帶來的好處。
4. 問題接近法。直接向客戶提問來引起客戶的興趣。從而促使客戶集中精力，更好地理解和記憶銷售人員發出的資訊，為激發購買欲望奠定基礎。

5. 讚美接近法。銷售人員利用人們的自尊和希望他人重視與認可的心理來引起交談的興趣。當然，讚美一定要出自真心，而且要講究技巧。
6. 求教接近法。一般來說，人們不會拒絕登門虛心求教的人。銷售人員在使用此法時應認真策劃，把要求教的問題與自己的銷售工作適當的結合起來。
7. 好奇接近法。一般人們都有好奇心。銷售人員可以利用動作、語言或其他一些方式引起客戶的好奇心，以便吸引客戶的興趣。
8. 饋贈接近法。銷售人員可以利用贈送小禮品給客戶，從而引起客戶興趣，進而接近客戶。
9. 調查接近法。銷售人員可以利用調查的機會接近客戶，這種方法隱蔽了直接銷售產品這一目的，比較容易被客戶接受。也是在實際中很容易操作的方法。
10. 連續接近法。銷售人員利用第一次接近時所掌握的有關情況，實施第二次或更多次接近的方法。銷售實踐證明，許多銷售活動都是在銷售人員連續多次接近客戶才引起了客戶對銷售的注意和興趣，並轉入實質性的洽談，進而為以後的銷售成功打下了堅實的基礎。

總之，在銷售實踐中，銷售人員要靈活運用各種接近方法，並根據實際情況創造出一些新的行之有效的方法，以取得銷售的成功！

用行動創造銷售奇蹟

有個落魄的中年人每隔三兩天就到教堂祈禱，而且他的禱告詞幾乎每次都相同：「上帝啊，請念在我多年來敬畏您的份上，讓我中一次樂透吧！阿門。」但他卻從來沒中過獎。

終於有一次，他跪著說：「我的上帝，為何您不垂聽我的祈求？讓我中樂透吧！只要一次，讓我解決所有困難，我願終身奉獻，專心侍奉您……」

就在這時，聖壇上空傳來一陣宏偉莊嚴的聲音：「我一直垂聽你的禱告。可是，最起碼，你也該先去買一張樂透吧！」

心動不如行動。再美好的夢想與願望，如果不能盡快在行動中落實，最終只能是紙上談兵，空想一番。有人說，心想事成。這句話本身沒有錯，但是很多人只把想法停留在空想的世界中，而不落實到具體的行動中，因此常常是竹籃子打水一場空。所以，有了夢想，就應該迅速有力地實施。

行動是實現理想的開始，是所有成功的鋪墊。沒有行動，一切都是空談！沒有行動，成功銷售無從談起！

克萊門特．史東是美國保險業鉅子，也是成功學的第三代祖師，更是一代保險銷售奇才。他從坎坷的創業史中由衷地感慨：「我相信，『行動第一！』這是我最大的資產，這種習慣使我的事業不斷成長。」

在史東中學畢業那一年，他利用暑假的時間去幫助母親推銷保險，這年他才 16 歲。

回憶這一段經歷時，史東說：「當時我站在一幢大樓外，我不知道怎樣去做，更不知道能不能推銷出去……我一面發抖，一面對自己說『當你嘗試去做一件對自己只有益處而無任何傷害的事時，就應該勇敢一些，而且應該立即行動。』」

於是，史東毅然地走進大樓。他想，無論遇到怎樣的待遇都絕不退縮。第一天的推銷使史東發現了這樣一個祕訣：一位成功的銷售人員，應具備一股鞭策自己、鼓勵自己的內驅力。只有付諸於行動的人，才有可能成功。

所以，身為一個高效的銷售人員，要勇敢地向成功邁進，做任何事都不要拖延！

拿破崙．希爾說，「行動是成功的最高法則」。每個銷售菁英最終的成功都是因為他們的行動力比普通人快幾倍，甚至幾十倍。認準了的事情就要義無反顧，堅持一路走下去，以最快的速度，最快的行動迅速占領市場。

天上從來不會掉餡餅，銷售業績也不會無緣無故地降臨到你的頭上。與其你對別人的銷售業績心動不如自己行動起來，只有行動、行動、再行動，你才能在銷售中取得收穫，成為一名銷售菁英。

有目標才能確實行動

有一年，一群意氣風發的天之驕子從美國哈佛大學畢業了，他們即將穿越各自人生的「玉米田」。他們的智力、學歷、環境條件都相差無幾。臨出校門，哈佛對他們進行了一次關於人生目標的調查。結果是這樣的：

27%的人，沒有目標；

60%的人，目標模糊；

10%的人，有清晰但比較短期的目標；

3%的人，有清晰而長遠的目標。

以後的 25 年，他們穿越「玉米田」。

25 年後，哈佛再次對這群學生進行了追蹤調查。結果是這樣的：

3%的人，25 年間他們朝著一個方向不懈努力，幾乎都成為社會各界的成功之士，其中不乏企業領袖、社會菁英；

10%的人，他們的短期目標不斷實現，成為各個領域中的專業人士，大都生活在社會的中上層；

60%的人，他們安穩地生活與工作，但都沒有什麼特別的成績，幾乎都生活在社會的中下層；

剩下的 27%的人，他們的生活沒有目標，過得很不如意，並且常常在埋怨他人、抱怨社會、抱怨這個「不肯給他們機會」的世界。

上面這組資料告訴我們：在生活中，我們只有為自己樹立一個清晰而長遠的目標，才能在工作中取得豐碩的成果。

哲學家愛默生曾說過：「當一個人知道他的目標去向，這個世界是會為他開路的。」的確，給自己一個夢想，一個目標，把它們深藏於心，每天不斷地提醒自己目標一定會實現的，並且為了這個目標，制定一個詳細而周全的計畫，不斷地檢驗計畫的執行情況，你就一定能夠如願以償。

在銷售行業裡，人人都想成功，但並不是人人都能夠成功，人人都想取得最好的業績，但並不是所有的人都能取得最好的業績。在通往銷售冠軍的道路上，夢想者多、付出者多、實現者少。之所以如此，原因很多，一個重要的原因在於很多人的努力方向過於空洞，缺乏具體的目標，不能透過實現一個個具體的目標，積少勝為大勝，最後成就輝煌。

有這樣一位保險推銷員，他一直都希望能躋身於最高業績的行列中。但是這一開始只不過是他的一個願望，從沒真正去爭取過。直到 3 年後的一天，他想起了一句話：「如果讓目標和願望更加明確，就會有實現的一天。」

於是，他就開始設定自己希望的總業績，然後再逐漸增加，這裡提升 5%，那裡提升 10%，結果顧客卻增加了 20%，甚至更高。這激發了這位保險推銷員的工作熱情。從此他不論什麼狀況，任何交易都會設立一個明確的數字作為目標，並在一兩個月內完成。

「我覺得，目標越是明確越感到自己對達成目標有股強烈的自信與決心。」他說。他的計畫裡包括「我想得到的地位、我想得到的收入、我想具有的能力」，然後，他充分完善的準備好每一次拜訪，相關的業界知識加之多方面的努力積累，終於在第一年的年終，使自己的業績打破了空前的紀錄，並在往後的年月裡達成更佳的成績。

最後，這位保險推銷員做了一個結論：「以前，我不是不曾考慮過要擴展業績、提升自己的工作能力。但是因為我從來只是想想而已，不曾付諸行動，當然所有的願望都落空了。自從我明確設立了目標，以及為了確實實現目標而設定具體的數字和期限後，我才真正感覺到，強大的推動力正在鞭策我去達成它。」

明確自己的目標和方向是非常必要的。只有在知道目標是什麼、到底想做什麼之後，才能夠達到自己的目的，夢想才會變成現實。另外，確立了目標後，還需要堅持不懈的毅力和持之以恆的精神才能獲得最終的勝利。

王傑霖是一家保險公司的銷售員，他每天騎著一輛舊腳踏車到處拉保險。不幸的是，成績始終是一片空白。可是，王傑霖毫不氣餒，晚上即使再疲倦，也要一一寫信給白天訪問過的客戶，感謝他們接受自己的拜訪，力請他們加入投保的行列，每一字每一句都寫得誠懇感人。

可是，任憑他再努力、再勞累，也沒有產生效果。兩個月過去了，他連一個顧客也沒有拉到，上司催他也是愈來愈緊……

勞累一天回來，他常常連飯也沒心情吃，雖然嬌妻溫順體貼，但一想到明天，他就全身直冒冷汗。

他愁眉苦臉地對妻子說：「從前，我以為一個人只要有明確的目標，然後認真、努力地工作，就能做好任何事情。但是這一次，我錯了。因為事實顯然並不如此！我辛辛苦苦地跑了兩個月，然而，卻連一個客戶也沒有拉成。唉！我不適合從事保險業務，不如換個地方找工作吧……」

妻子勸告他說：「堅持下去，就有希望。」王傑霖聽從了妻子的勸告。

王傑霖曾想說服一家企業的老闆，讓他的員工全部投保。然而那位老闆對此毫無興趣，一次一次地拒王傑霖於門外。當他在第 69 天再一次跑到這位老闆公司來的時候，這位老闆終於為他的誠心所感動，同意全公司員工投保。

他成功了！選定目標堅持不懈，使他後來成了著名的保險銷售員。

可見，在銷售工作中，一旦確立了目標，我們就要有始有終，摒棄半途而廢的壞習慣，否則不可能出色地完成任何任務。

有付出就會有收穫

《韓非子·五蠹》中記載著這樣一個故事：

宋國有一個農民，每天在田地裡耕作。有一天，這個農夫正在田裡工作，突然一隻野兔從草叢中竄出來。野兔因見到有人而受了驚嚇。牠拚命地奔跑，不料一下子撞到一截樹樁上，折斷脖子死了。農夫便放下手中的工作，走過去撿起死兔子，他非常慶幸自己的好運氣。

晚上回到家，農夫把死兔交給妻子。妻子做了香噴噴的兔肉大餐，兩個人有說有笑高興的吃了一頓。

第二天，農夫照舊到田裡工作，可是他不再像以往那麼專心了。他忙了一會兒就朝草叢裡瞄一瞄、聽一聽，希望再有一隻兔子竄出來撞在樹樁上。就這樣，他心不在焉地做了一天工作，該鋤的地也沒鋤完。直到天黑也沒見到有兔子出來，他很不甘心地回家了。

第三天，農夫來到田邊，已完全無心鋤田。他把農具放在一邊，自己則坐在樹樁旁邊的田埂上，專門等待野兔竄出來。可是又白白地等了一天。

後來，農夫每天就這樣守在樹樁邊，希望再撿到兔子，然而他始終沒有再得到。但農田裡的苗因此而枯萎了。農夫因此成了宋國人議論的笑柄。

故事中的主人公抱著僥倖心理，不願付出努力而只想不勞而獲，最後得不償失。

身為一名銷售員，你肯定期望得到車子、房子、功成名就等等，但你是否想過，要得到這些，你首先應當付出呢？在銷售行業中，很多成功人士都為成功付出了許多的時間、精力、甚至是青春年華。每個人都有他成功的特點，但有一點是成功者所共有的，那就是努力工作的習慣。著名銷售大師喬・甘道夫（Joe M. Gandolfo）在談到自己的成功時說：「我成功的祕密相當簡單，為了達到目的，我比別人更努力一倍，更艱苦一倍，而多數人不願意這樣做。」

一般的努力只能有一般的業績，只有加倍的努力，才有可能成為銷售菁英。

世界頂尖的壽險銷售員，每天早上 5 點鐘起床，平均每天工作 10 小時以上。

原一平堅持每天拜訪 15 位客戶，如果客戶不在家，他會在晚飯後再來拜訪，由於工作十分辛苦，有時他會在吃晚餐的時候就睡著了。

成龍是影視圈裡收入最高的明星之一，他之所以成功是因為他比別人都努力，他拍任何一部片，不但不用替身，而且經常挑戰人類的極限。30 多年來，他拍片無數，受傷也無數，多次面臨殘廢的危險。正如他所說的：「我從頭到腳每根骨頭都斷過。」由於他比任何人都努力，所以他才會有今天的成績。

為了成功而努力、付出是任何一個成功者的必須經歷。對一個銷售員來說，不努力、不付出便期望能夠獲得成功，那是無稽之談。收穫成功，是要經過奮鬥和拚命的歷程；是要有吃苦耐勞和刻苦鑽研的精神；是要付出辛酸和無償的代價。

人們常說：一分耕耘一分收穫，一分汗水一分收穫，一分付出一分收穫。成功與努力付出是成正比的，努力多少便成功多少，付出多少便收穫多少。當我們付出真誠，就會收穫顧客的信賴；付出時間去研究銷售技巧、多熟悉產品知識，我們就能達成專業、流暢且有效的銷售。

主動創造出客戶的需求

有一句諺語叫「牛不喝水強按頭」，意思是強迫某人做某事。這當然是做不到的，但我們可以想辦法讓牛主動喝水：第一，把牛放出去運動，運動出汗後，牛自然會喝水，以補充身體內的水分。第二，在牛草料裡放點鹽，牛吃草後自然會覺得口渴，也就有了喝水的需求。可見，要想讓人主動做某件事，必須為他創造一定的需求。

同樣，人們買東西時也是有心理需求的，身為銷售人員，就是要把人們的那種需求明顯化，將它擺出來，這樣就發揮了銷售的作用。但是在很多情況下，客戶並沒有什麼明顯的需求，這就要求銷售人員必須為客戶尋找一個。在尋找未果的情況下，銷售人員便不得不為客戶創造一個了。

雖然這種創造需求的方法是非常困難的，但對於銷售人員來說，卻具有非常重要的意義。

銷售大師原一平很擅長於為客戶創造需求。他認為，有許多人看起來似乎不需要保險，可是一經分析，卻發現每個人都需要保險。一個剛從學校畢業的年輕人，年收入約 30 萬元左右，他沒有任何需要供養的家眷，而且短期內也不想結婚，但是原一平還是向他銷售保險。

當時，原一平對那位年輕人說：「這樣的情形下，您確實不需要投保人壽保險。如果有人告訴您，您需要投保人壽保險，那這個人說話一定沒有經過大腦。我是一個保險專家，我可以坦白地告訴您，您並不需要保任何險。可是請問您，您計劃結婚嗎？」

「哦，也許幾年過後吧！那可是很久以後的事。」

「即使等您結了婚，您也還是不需要保險，您知道為什麼嗎？因為萬一您不幸發生了什麼意外，您太太仍然年輕，她可以工作，也可以再婚，所以您在這段時間內不需要投保人壽保險。那麼再請問您，您將來有計劃生小孩嗎？」

「當然我們都希望養幾個小孩，所以我想應該會有小孩吧！」

「當您太太懷孕時，我想您就應該投保了。現在讓我們來看看人壽保險的基本原則。任何人要買人壽保險時都有三個問題要考慮：第一個是職業，您的職業不屬於危險性高的職業，所以我想沒有問題。第二是健康，您現在身體健康，這也沒有問題。不過在 4 年以後，我就不敢說了，但現在我們假定您的健康情況一直良好，所以也不成問題。第三個問題，就是您的年齡，您年齡愈大，買保險時保費就愈高，一般而言，每增加一歲，保費就增加 3%。」

「不過再等 3 年也差不了多少。」

「老兄，那差別可大呢！假如在 3 年之內您太太懷孕了，那時您準備買人壽保險，您就要付比現在高出 9%的保險費。如果您現在的所得稅稅率是 37%，那也就是說您必須要多賺 12%的年薪，才付得起那份保險費。另外，並不是說只在第一年多付 9%，而是您在投保的每一年都需要多付 9%，這筆帳您算算看怎樣才划得來。」

「假如您現在投保，3 年以後，您還是擁有同樣價值的保險，可是每年就省下了 12%以上的保費。我相信以您的努力，將來一定會飛黃騰達，而且我也希望多一位傑出的客戶，這樣我的業績才能蒸蒸日上呢。所以我願意現在為您設計一套保險計畫，讓您從現在開始節省 12%的多餘保費。」

正如管理大師杜拉克說，企業的存在在於創造顧客。而更多的經濟學者也總結說，企業的利潤其實來源於「固定客戶」。從成本上說，開拓一個新客戶的成本遠遠高於維護一個原有客戶的成本。大多數人都懂得這個道理。

所以，主動創造「客戶需求」就成了「優質服務」的重要途徑之一。簡單地應對已經不能滿足客戶的需求了，必須想得比客戶多，才能更好地開拓市場。

主動創造屬於你的機會

銷售的機會往往是稍縱即逝的，必須迅速、準確判斷，細心留意，以免錯失良機，身為一名成功的銷售人員，不僅要抓住每一個銷售機會，還要善於創造銷售機會。

在銷售過程中，銷售人員必須充分把握隨時出現的各種機會。所謂機會，是指由於環境的變化，而為人們提供實現某種目的的可能性。而銷售機會則是指在銷售過程中，由於環境經常發生變化，使銷售人員提供的實現其銷售目的的一種可能性的統稱。

在產品同質化日益明顯的今天，企業間的競爭愈益激烈，各種商機往往稍縱即逝。企業必須對商機保持高度的敏感，能夠快速地對其做出正確的反應，否則就會在競爭中失去先機。這就要求銷售人員能夠及時收集並分析研究影響銷售環境的因素，整理出相關資料，從中發現銷售機會出現的可能性和具體內容；要求銷售人員能正確地感知機會和機會的狀態，恰到好處的抓住銷售機會，不斷地創造好的銷售業績。

在銷售過程中，銷售人員只要能積極採取各種措施和辦法，就能夠捕捉和創造有利於自己的銷售機會。

一般來說，從事同一領域銷售活動的銷售人員，所面臨的市場競爭環境是基本相同的。由於客觀環境的變化，為每個銷售人員帶來的機會也是基本一致的。因此，可以說機會面前人人平等。在這種情況下，誰能及時並充分地把握機會，創造銷售佳績，則完全依賴於銷售人員自身的觀察能力、分析能力、應變能力和創造能力。

對於銷售人員來說，捕捉市場訊息、發現潛在銷售機會並不是問題，真正讓他們苦惱不已的是如何辨別真正的銷售機會並成功把握它。資料顯示，銷售人員通常在 70%的無效時機上浪費了大量的精力，從而極大地影響了他們真正把握 30%的有效機會。

如果銷售人員在錯過了銷售機會後能夠認真分析，不斷總結自省，總能抓住下一個機會。銷售機會隨時會出現，關鍵是銷售人員的掌握能力。這就要求銷售人員在平時的工作中注意觀察，並及時採取有效的措施來認識機會、把握機會並利用機會。

成功的銷售人員是自己創造機會，而失敗的銷售人員是自己等待機會。身為一名成功的銷售人員，不僅要抓住每一個銷售機會，還要善於創造銷售機會。銷售中的很多事情不怕你做不到，就怕你想不到，關鍵在於創造每個機會，然後努力去實現。很多時候，顧客往往沒有意識到自己的其他需求，銷售人員應提醒並說服顧客，從而達到銷售的目的。所以說，銷售機會的有無，取決於捕捉和創造。

銷售菁英必知的銷售理念

銷售人員每天都要與不同的客戶打交道，只有把與客戶的關係處理好了，才有機會向客戶推廣介紹你的產品，客戶才有可能接受你的產品。所以，銷售人員要具備客戶至上、客戶就是「上帝」的念頭，想顧客之所想，急顧客之所急，不辭勞苦，理解客戶的觀點，直到了解客戶最想要的和最不想要的是什麼。只有這樣，才能為客戶提供優質服務。

不斷拓展你的人脈關係

人脈是個人成功的第一生產力，一個人的成功，80%來自於與別人相處，20%才是來自於自己的心靈，銷售人員能否在銷售中獲得成功，能否在銷售中體會到快樂，與其是否建立了廣泛的人脈關係有很大聯繫。銷售菁英都非常珍視自己的人脈，善於開發，利用和維護自己的人脈資源。

十年前的徐冠啟不過是一個在某大公司苦苦掙扎的窮員工，可是誰能料得到如今他居然成為資產過億的大企業家。有人問他，為什麼他一個窮小子能夠成功時，他很認真地說，他的成功，全靠自己的朋友，如果沒有他的朋友，現在他可能還在那個大公司哭窮呢。

原來他大學一畢業，他的朋友就推薦他到某珠寶公司做銷售助理，在他做助理期間，他認識了一大批做各種生意的朋友，其中不乏幾位做投資生意的大老闆，在幾位大老闆的幫助下，他加入了商會，藉機又認識了很多成功人士。結交朋友，儼然成為了他的一大嗜好，每次他出門，都不忘隨身攜帶自己的名片，送給自己遇到的朋友。如果有一天他忘記帶名片，就會渾身不舒服，坐立難安。憑著自己豐富的人脈網，徐冠啟做成了很多大買賣，他的朋友都樂於幫助他，他想成功幾乎是水到渠成的事情。

徐冠啟的成功說明了一個道理：人脈比學問更重要。作為群居動物中的一員，人的成功只能來自於他所處的人群及所在的社會，只有在這個社會與人群中能夠遊刃有餘、八面玲瓏，才可能為事業的成功開拓寬廣的道路。做銷售工作，交際能力是少不了的，沒有非凡的交際能力，就會處處碰壁，別人做成一件事的時間你要花費數倍的時間和精力，別人幾年取得的成就也許你一輩子都無法超越。

廖明忠是一個洗衣機銷售員。曾經有一段時間，洗衣機非常不好銷售，有時為了做成一筆生意，常常要跟客戶幾次三番地談，談的客戶不勝其煩，到了聚會的時候，更是句句不離本行，那架勢，恨不得在聚會結束之前就能簽成幾筆合約，最終的結果卻不太樂觀，一般朋友甚至會疏遠他，見了他避之不及。

然而，其同事周偉豪每次聚會都收穫頗豐，但是他的洗衣機銷售合約卻不是在聚會上簽訂的，而是在聚會後的一段時間內，那些參加聚會的朋友主動打電話請他辦理的。朋友問他有什麼祕訣，他微微一笑說：要說祕訣，只有一句話，那就是「不談洗衣機」。「不談洗衣機，你的朋友怎麼會來找你買機器？」朋友奇怪地問。

周偉豪告訴朋友，每次參加聚會，除了介紹自己的職業是洗衣機銷售員之外，他把更多的時間放在了和參加聚會的人的交流上。一次聚會的時間有限，要鞏固和老朋友的感情，還要結識新的朋友，就必須拋開銷售，和各個階層的人談他們感興趣的話題，說話的時候，要多站在對方的立場上考慮問題，讓對方產生傾訴的欲望。

聚會結束以後，無論工作多忙，周偉豪都會抽出時間來打電話給那些朋友，問一問最近的生活工作狀態，遇到的問題是不是解決了等，讓朋友們知道自己惦記他們的同時，也進一步加深了自己在朋友腦海裡的印象。「我要讓我的每一個朋友都認識到—雖然我靠推銷洗衣機生活，但是在我眼裡，朋友遠遠比推銷重要！」周偉豪不無自豪地說，「這樣一來，朋友們覺得我可以信賴，所以當他們遇到某些我能幫上忙的問題的時候，自然而然就會想起我來，我的業務量自然也就增加了。」

周偉豪跟朋友說這些話的時候，不急不慢，一臉的坦誠，可以想像得出，當他在聚會上和朋友交流時，他的真誠足以讓人打開緊閉著的心靈之窗。

周偉豪的經驗告訴我們什麼呢？至少有四個方面的啟示：

1. 不要輕易拒絕以聯絡感情、增進友誼為目的的聚會，聚會實際上是聚集人氣、拓展人脈的重要舞臺，以聯絡感情、增進友誼為目的的聚會很有參加的必要。如果沒有特殊的原因，不要隨意拒絕參加這樣的聚會，因為拒絕不僅會讓你失去拓展人脈的機會，更容易給那些你曾經相識的朋友帶來誤解，覺得你並不在意這份友情。即使真的有事不能參加，也要跟召集人打個電話說明一下情況，並請召集人代為向大家道歉，你的形象才不會因而受損。

2. 參加聚會要有明確的目的，這個目的是要給與會的朋友留下一個美好的、深刻的印象。倘若銷售人員帶著功利的目的去參加聚會，處處不忘自己的本行，時時惦記著抓住「商機」，會讓朋友覺得你參加聚會的目的不純。切忌急功近利。

3. 給朋友留下美好而深刻的印象，靠的是你的自信和良好溝通交流能力，而不是孤芳自賞和放浪形骸。在聚會上讓人知道你的名字並不難，但要讓人記住你的名字並不容易。在朋友面前，你優雅的風度、幽默的談吐和真心的傾聽，都會拉近朋友與你之間的距離。不要只顧著表現自己，要幫朋友創造表現的機會；不要一味敘說自己的成功與失落，更要傾聽朋友對你的傾訴。

4. 聚會結束以後，不要等到下一次聚會時才想起這些朋友，要經常與朋友們聯繫。不要等到有求於人的時候才四處翻找朋友的電話，不要等到每一次打電話都得先介紹自己是誰的地步才知道朋友的可貴。人是重感情的生物，在一次又一次不經意的交談中，這種感情會慢慢得到昇華。

把客戶的挑剔當作寶貴的建議

在銷售過程中，銷售員會接觸到不同類型的客戶。每個客戶又有不同的愛好和需求。銷售員是為客戶提供服務、滿足客戶需求的，這就要求銷售員學會包容和接納差異，包容他人的不同喜好，包容他人的挑剔。

一位新上任的商場經理，對連續三個月銷售排名第一的一位銷售人員感到非常不解。據好多人說，這位女銷售人員其貌不揚，也不善於言詞，但是她櫃位的鞋賣得非常好，銷售額已經連續三個月在40個櫃位中蟬聯第一。全商場都是鞋，一個既不善於言談，也不算漂亮的銷售小姐，顧客為何垂青於她？

對於這個疑問，經理想弄個明白。於是，他前去觀察。看後，終於明白了其中的道理:這位女銷售人員主要銷售女鞋，女士買鞋總是喜歡試來試去，這位銷售人員不僅不煩，還建議顧客再多試幾雙。「沒關係，多試幾款，總有一款適合你！」面對顧客的挑剔—顏色不好、款式難看、做工粗糙，她總是面帶微笑說:「要不再試一試這雙！」所以，顧客一直試下去，直到滿意為止。即使顧客試了幾雙，確實沒有合適的，表示不買，這位銷售人員還會面帶微笑說:「沒關係，歡迎下次再來！」

而其他櫃位的銷售人員在顧客試過三款之後就非常不耐煩了，要嘛開始極力推銷，要嘛表示出不耐煩:「就這幾款，只是顏色不同。」要嘛就是:「您最好快點，我還有其他顧客呢！」要嘛就是:「就這個價格，還能有多好的品質？有品質好的，價格高，你要嗎？」身為顧客，誰不想「物美價廉」，你說價格高顧客會要嗎？

正是憑藉著對顧客的包容，那位銷售人員才贏得了顧客，達成了良好的銷售業績。

大千世界，無奇不有，什麼樣類型的客戶都有。但是客戶是上帝，上帝有挑剔和選擇的權利。有時候上帝的脾氣古怪，有時候做事不可理喻，但他是上帝，所以有這樣的權力。你做的事情不是去埋怨上帝為什麼這麼不通人情，你需要做的是用自己的技巧去贏得上帝的歡心。

客戶有的對公司挑剔，有的對產品挑剔，有的對人挑剔。有人說價格高了，有人說產品差了，有人說送貨晚了，有人說服務不周到了。這些都是銷售人員會不斷遇到的問題。不管你的企業做得多麼優秀，產品如何好，總會有不滿意的客戶。而一個優秀的銷售人員，他必須勇敢地面對這些問題，用包容的心態去接納客戶，並且及時提供解決方案。所以艱鉅的銷售工作造就了銷售人員良好的包容和應變能力。他們會對不同性格、不同年齡、不同性別、不同文化、不同要求的客戶採取不一樣的解決方法。最後讓客戶買得放心、買得高興。

總之，只要銷售人員的心中充滿寬容，那樣就會和顧客少一分阻礙，多一分理解，也就多了一分成交的機會。否則，將會永遠被擋在通往成功的道路上，直至被擊倒。

為客戶提供真誠的服務

成功銷售的關鍵是要讓顧客滿意，給顧客真誠的服務。身為一個銷售人員，必須抱著一顆真誠的心，誠懇的對待客戶，只有這樣，客戶才會尊重你，把你當作朋友。

顧客的需求不斷變化，銷售的服務永無止境。銷售人員只有全力為顧客服務，才能滿足顧客的需求；只有讓顧客的需求得到滿足，銷售人員才能提高自己的銷售業績。如果銷售人員功利心太強，一味追求銷售成果，往往事與願違。

一個炎熱的午後，一位身穿汗衫、滿身汗味的老農伸手推開汽車展示中心的玻璃門，一位笑容可掬的小姐馬上迎上來並客氣地問：「先生，我能為您做什麼嗎？」

老農靦腆地說：「不用，外面太熱，我進來涼快一下，馬上就走。」

小姐馬上親切地說：「是啊，今天真熱，聽說有37度呢。您一定熱壞了，我幫您倒杯水吧。」接著，她便請農夫坐在豪華沙發上休息。

「可是，我的衣服不太乾淨，怕弄髒沙發。」農夫說。

小姐邊倒水邊笑著說：「沒關係，沙發就是給人坐的，否則，我們買它做什麼？」

喝完水，老農沒事便走向展示中心內的新貨車東瞧西看。

這時，小姐又走過來問：「先生，這款車子的馬力不錯，要不要我幫您介紹一下？」

「不要！不要！」老農忙說，「我可沒錢買。」

「沒關係，以後您也可以幫我們介紹啊。」然後，小姐便逐一將車的性能解釋給老農聽。

聽完，老農突然掏出一張皺巴巴的紙說：「這是我要的車型和數量。」

小姐詫異地接過來一看，他竟然要訂 10 輛，忙說：「先生，您訂這麼多車，我得請經理來接待您，您先試車吧……」

老農平靜說：「不用找經理了，我跟人合夥投資貨運生意，需要買一批貨車。我不懂車，最關心的是售後服務，我兒子教我用這個方法來試探車商。我走了幾家，每當我穿著同樣的衣服進去並說沒錢買車時，常常會遭到冷落，這讓我有點難過。只有你們這裡不一樣，你們知道我『不是』客戶還這麼熱心，我相信你們的服務……」

銷售服務是一種人與人之間的文化的溝通和互動。而且，銷售服務的過程，本身就是創造善、提供善、追求善的過程。沒有真誠，一切的服務終將失去意義。懷著「真誠」的心服務，銷售人員就能打動使用者，創造服務價值。

在一個多雨的午後，一位渾身濕淋淋的老婦人，蹣跚地走進了費城一間百貨公司。許多售貨員看著她狼狽的樣子，簡樸的衣裙，都漠然地視而不見。這時，一個叫菲利的年輕人走過來，誠懇地對老婦人說：「夫人，我能為您做點什麼嗎？」她莞爾一笑：「不用了，我在這裡躲個雨，馬上就走。」

老婦人隨即又不安起來，不買人家的東西，卻在人家的屋簷下躲雨。她在百貨公司裡轉起來，想哪怕買件頭髮上的小飾品呢，也算是個光明正大的躲雨理由。

正當老婦人神色迷茫的時候，菲利又走過來說：「夫人，您不必為難，我幫您搬了一張椅子放在門口，您坐著休息就是了。」

兩個小時後，雨後天晴，老婦人向菲利道過謝，要了他一張名片，然後顫巍巍地走進了雨後的彩虹裡。

幾個月後，這家百貨公司的總經理詹姆斯收到一封信。原來，這封信就是那位老婦人寫的，她竟是當時美國一名億萬富翁的母親。信中要求將菲利派往蘇格蘭，去收取裝潢一整座城堡的訂單，還讓他承包下一季度辦公用品的採購，採購單都是源自富翁所有的幾家大公司。詹姆斯震驚不已，匆匆一算，只這一封信帶來的利益，就相當於百貨公司兩年利潤的總和。

詹姆斯馬上把菲利推薦到公司董事會上，當他整理行裝飛往蘇格蘭時，這位 22 歲的年輕人已經是這家百貨公司的合夥人。

在隨後的幾年裡，菲利以自己一貫的真誠和誠懇，成了這位富翁的左膀右臂。

戴爾．卡內基說：「時時真誠地去關心別人，你在兩個月內所交到的朋友，遠比只想別人來關心他的人，在兩年內所交的朋友還多。」一個從來不關心別人的人，一生必定遭受層層的阻礙，既損人又害己，註定是個失敗者。那麼銷售人員要想先推銷自己，首先要真誠關心顧客。

所謂真誠關心是發自肺腑的去關心客戶。關心當然無大小之分，一句誠摯的「謝謝」，一個熱誠的「微笑」，簡單親切的「道好」，誠心誠意的「道歉」，這些雖然微不足道，但只要真誠，就能感動人。銷售人員關心顧客，只要發自內心的去幫助顧客排憂解難，就不愁顧客不成為朋友了。

銷售人員的真誠是贏得客戶的唯一正道，虛偽雖然可以一時得逞，但時間一長，必然是真誠才能獲得對方的欣賞。對客戶真誠是獲得友誼的祕訣，是獲得好聲譽的最好的方法。好的聲譽是銷售人員一輩子的財富，是一座挖不完的金礦。

日本推銷之神原一平曾經這樣講：「我雖已超過古稀之年，但仍保持赤子之心，因為我認為赤子之心乃是推銷的原動力。」他還說過：「推銷員最需要的是真誠，真誠面對自己，真誠面對別人，這樣才能贏得對方的敬重。至今我每天拜訪客戶，在與對方對坐之時，仍試圖與對方融為一體，以產生強烈的吸引對方的魅力。上述種種行為的祕訣在哪裡，其實全賴於體內永不消逝的率直、純真、稚氣而已。」

在銷售的過程中，銷售人員要真心熱愛您的顧客，真心實意地去幫助您的客戶，日久天長，你就會驚奇的發現，你對客戶怎樣，客戶也會對你怎樣，你若真心喜歡客戶，客戶也會真心喜歡你；同樣的，你若討厭客戶，客戶自然也會討厭你。因此，銷售人員要學會推銷自己，用自己的真誠去吸引客戶，去贏得別人的尊敬。

真誠是銷售人員一生最大的資金，真誠是銷售員人格的保證。有了真誠，你才能夠做好銷售工作；沒有真誠，任何成功的機會都會與你無緣。所以說，銷售人員只有誠實待人、真心待客，只有真誠待人，才能贏得客戶對自己的尊重和友誼，才能建立起信任和理解，才能促進銷售工作的順利完成。

管理名片，就是維繫客戶

對銷售人員來說最重要的便是與客戶的溝通，而結交新客戶大多離不開名片，但是你是否有效的管理好收到的名片？你是不是有過這種情況：在大型商展結束後，名片收到了一大把，你往家裡或辦公室裡隨手一放，如果不及時整理，時間長了還容易搞丟。即便保存完好，每次在查找其中一個人的電話時，還是要手忙腳亂地翻上半天。

不要小看了小小的名片，它可是你銷售人脈中重要的資源。因此，有必要重視對名片的管理。最好要有專門的名片管理資料庫，以便管理人脈。

首先，當你和他人在不同場合交換名片時，務必詳盡記錄與對方會面的人、事、時、地、物。對於自己的人脈分類（當然不僅僅局限於名片的管理）可以分為親戚、同學、同鄉、同事、同袍、老師、生意上的朋友等等。工具也很多，outlook、很多具有個人通訊錄功能的軟體以及手機通訊錄等等有很多。

最主要的還是根據銷售工作特點而管理好自己新認識的朋友，畢竟親戚、同學、同事、同袍、老師等等數量不多，經常聯繫，而且不會發生太大變化，此類的人脈關係維護是相對簡單和容易的。變化最大的當然就是由於工作關係建立起來的人脈，由於銷售活動交換名片而建立起來的關係如果維護得不好，是很容易失去的。對於由於工作而建立起來的關係，可以根據工作的種類進行分類。具體分類可以根據自己的習慣、愛好進行分類，原則是便於記憶，方便管理。交際活動結束後，應回憶複習一下剛剛認識的重要人物，記住他的姓名、企業、職務、行業等。第二天或過個兩三天，主動打個電話或發個電郵，向對方表示結識的高興，或者適當地讚美對方的某個方面，或者回憶你們愉快的聚會細節，讓對方加深對你的印象和了解。

其次，對名片進行分類管理。你可以按地域分類，比如：按出身縣市、現居城市；也可以按行業分類；還可以按人脈資源的性質分類，比如：同學、客戶、專家等。現在的聯絡方式非常多，包括電話、簡訊、電子郵件、LINE、FB 等等。對於首次見面以後的朋友，可以透過簡訊、電子郵件等方式溝通和問候一下，一方面加深認識，另外一方面也可以得知對方留的手機或者電子郵件是否有在使用，以便考慮是否將其加入每逢重大節日群發問候簡訊或者群發問候郵件的目錄。

第三，對於收集的名片除了前面提到的記錄收到名片的日期、認識對方的方式以及與對方的業務內容以外，還可以寫一些對對方的評價和印象等等，以留作日後與對方再次接觸時的參考。當然如果收到對方最新版本的名片，可以把舊名片的內容轉移到最新的名片上，舊的就可以丟棄了，以減少管理名片的工作量。

現在的手機很多都有名片管理功能，拍照以後，名片的內容就可以自動進入手機通訊錄，手機的通訊錄優點是方便攜帶和查找以及通訊聯繫，缺點是一方面不方便記錄其他資訊，另外一方面一旦丟失，後果不堪設想。很多人都有過手機丟失的煩惱，比較好的辦法是將手機通訊錄備份到電腦裡，一旦丟失才方便恢復。但要注意的是，手機內的通訊錄版本通常遠遠比手機備份的內容要新。

因此，建議一方面做好名片的管理，一方面採用一些人脈管理的軟體來維護人脈關係，如果是重要的人脈關係更是如此。養成經常翻看名片的習慣，工作閒暇之餘，翻一下你的名片檔案，打個電話問候對方，發個祝福簡訊等，讓對方感覺到你的存在和對他的關心與尊重。

第四，定期對名片進行清理。經常翻看自己收集的名片是一種很好的習慣，翻看的同時可以回憶起與這個朋友交往的過程，不斷的回憶就會強化對朋友的認識，不至於下次見面，僅僅記得「這人我好像見過」，但是其他的就想不起來了。更有甚者，如果對方叫出了你的名字，而你還停留在「這人我好像見過，叫什麼不記得了」的水準上，場面會很尷尬的。翻看好友的名片，除了可以有很多的收穫之外，甚至有可能發現商機。將你手邊所有的名片與相關資料來源作全面性的整理，依照關聯性、重要性、長期互動與使用機率、資料的完整性的因素，將它們分成三堆：第一堆是一定要長期保留的；第二堆是不太確定，可以暫時保留的；第三堆是確定不要的，並將確定不要的銷毀處理。

讓客戶幫你去銷售

「酒香不怕巷子深」，在一些銷售人員眼中看來，與現代銷售理念是不相符的。實際上，這句話中隱含著一個古老但非常有用的促銷產品和服務的方法—口碑行銷，這是一種不需要高成本投入而又成效顯著的方法。

相信很多人都會認同這一點：最好的廣告方式來自朋友的口頭宣傳。

大學畢業後，貝利就踏上了銷售之路。貝利首先遇到的一個難題是，如何向那些從未聽說過這種牌子的人銷售產品。很顯然的，要和一些已經占領市場的名牌產品進行硬碰硬的競爭是不容易的。

在對以上問題分析一番後，貝利意識到，如果不能將自己所提供的服務與其他競爭者的服務加以區分，那麼又怎能期望人們去購買貝利的商品呢？

貝利認識到，對客戶說漂亮話是沒有多大用處的，因為這種話人人會說。得找方法向客戶展示出他們無法從其他競爭者獲得與貝利做生意時相同的利益。貝利常常自問：如何讓我的潛在客戶知道我將提供給他們特別的服務？因為這種附加價值將會是他們極其樂意與我做生意的原因。

後來貝利想到了一個絕妙的主意—讓客戶為自己銷售！事後證明貝利的這個做法是完全正確的，因為貝利正是透過為數不多的客戶而打開了銷售局面。

由此，貝利充分認識到，成功的銷售需要有龐大的人際關係做後盾，這就好比一座高樓大廈的崛起需要無數的磚頭做地基一樣。

迅速和客戶建立長期良好的人際關係，無論是對促成交易，還是建立與公司的長期關係，都是至關重要的。良好的人際關係又被定義為緊密的人際關係，當事人彼此之間通常都能相互信任，感情默契。

在貝利讓客戶幫貝利推銷的經歷中，讓貝利記憶最為深刻的是一位叫傑克的客戶。那時貝利的推銷陷入困境，因為和傑克已經建立了良好的客戶關係，並且逐漸成了很好的朋友，於是他們關係也很親密。有一天，貝利向他提出了幫自己推銷的想法，他很爽快地就答應了。

傑克首先向他的同事和鄰居推薦貝利的商品，他們用過之後都覺得比那些所謂的名牌商品實惠，因為貝利的東西品質的確很好，而且和那些名牌產品相比，價格更便宜。在傑克的大力幫助下，貝利的銷售業績迅速攀升。

在銷售中，客戶原本就有些猶豫不定，無法下定決心簽下購買訂單，所以貝利覺得，最重要也是人們最關心的，是銷售人員提供的售後服務如何，尤其是在他們需要時，銷售人員是否會及時出現來提供服務。但是無論一名銷售人員再說破嘴皮，客戶也不會相信，因為他們會認為：「他這麼說只是為了賺到那筆佣金而已。」但是，讓你的客戶幫你銷售時，這些疑慮就很容易被打破。因為客戶相信那些原有的客戶是和自己站在同樣的立場上的。

在當前資訊量大、快節奏的生活環境下，大多數人已對商業廣告的每天轟炸近乎無動於衷：很多人拿著遙控器跳過電視中的廣告，瀏覽報紙雜誌時毫不猶豫地翻過其中的廣告版，對於路邊的巨型看板或招牌也似視而不見。但是一旦他們聽到一位親友推薦某個產品或某項服務時，不僅會對此很感興趣，而且多半還會親自一試，因為大多數人相信親友不會向他推薦劣等貨。

特別對於大件產品，消費者想購買之前，最先想到也最容易做到的是向自己周圍的同事、親友詢問他們購買的是什麼牌子，使用情況怎麼樣，並會牢記這些建議。如果我們發現並重視這一點，就會體會到口碑能產生多大作用。

銷售人員可以從對現有顧客的服務著手，創造一些別出心裁的愛心奉獻小活動，而從中受益的顧客都能對這些活動給予良好的評價和傳播。銷售人員只是為顧客提供了一個很好的建議，但這種極富人情味的促銷形式卻往往能贏得更多客戶和潛在消費者的好感和信任。

銷售人員盡可能讓每一位前來諮詢的顧客獲得全面的產品資訊，也是建立良好口碑的重要方法。

爭辯是銷售的大忌

客戶的意見無論是對是錯、是深刻還是幼稚，都不能表現出輕視、不耐煩、輕蔑、東張西望的樣子。不管客戶如何批評，銷售人員永遠不要跟客戶爭辯，爭辯不是說服客戶的好方法。與客戶爭辯，失敗的永遠是銷售人員。

歐哈瑞現在是紐約某間汽車公司的明星銷售員。他怎麼成功的？這是他的說法：「如果我現在走進顧客的辦公室，而對方說：『什麼？你們公司的卡車？不好！你送我我都不要，我要的是其他公司的卡車。』我會說：『老兄，其他公司的車子的確不錯。買他們的卡車絕對錯不了。他們的車是優良公司的產品，業務員也相當優秀。』

這樣他就無話可說了，沒有爭論的餘地。如果他說其他公司的車子最好，我說不錯，他只有住口。他總不能在我同意他的看法後，還說一下午的『其他公司的車子最好』。接著我們不再談其他公司，我就能開始介紹我們公司的優點。

而當年若是聽到他那種話，我早就氣得不行了。我會開始挑別間公司的錯；我愈批評別的車子不好，對方就愈說它好；愈是辯論，對方就愈喜歡我的競爭對手的產品。」

「現在回憶起來，真不知道過去是怎麼做推銷工作的。花了不少時間在爭辯，卻沒有取得有效的成果。」

卡內基指出，十之八九，爭論的結果會使雙方比以前更相信自己是絕對正確的。要是輸了，當然你就輸了；如果贏了，也還是算輸。為什麼？如果你的勝利，是對方的論點被攻擊得千瘡百孔，證明他一無是處，那又怎麼樣？你會覺得洋洋自得。但他呢？你使他自慚。你傷了他的自尊，他會怨恨你的勝利。而且一個人即使口服，但心裡不服的情況也是常有的。

一句銷售行話是：「爭論時占的便宜越多，銷售時吃的虧越大」。銷售的要點不是向客戶辯論、說贏客戶。客戶要是說不過你，他可以不買你的東西來「贏」你啊。更不能語氣生硬地對客戶說：「你錯了」、「連這你也不懂」，這些話明顯地抬高了自己，貶低了客戶，會傷害客戶的自尊心。

有一家專門經銷石油工業非標準設備的公司，接受了長島石油集團公司的一批訂單。長島集團在石油界舉足輕重，是該公司的重要客戶。該公司接受訂單後不敢怠慢，抓緊時間把圖紙設計好。圖紙經石油公司的總工程師批准後，便開始動工製造。

然而，不幸的事情發生了：那位客戶是長島石油集團公司的訂貨人，他在出席朋友家的私人宴會時，無意中談起了這批訂貨。幾位外行人竟然信口雌黃，說什麼設計不合理、價格太貴等缺點，大家七嘴八舌、嘰嘰喳喳。不負責任的流言蜚語，使這位客戶產生被人欺騙了的感覺。這位客戶一開始時六神無主，繼而覺得真有其事，最後竟拍案而起，勃然大怒。他打電話給該公司的負責人，大發雷霆，把那間公司臭罵一頓，發誓不接受那批已經開始製造的非標準設備。說完，啪的一聲，把電話掛斷。

電話那頭，負責人呆若木雞。他被罵得丈二金剛摸不著頭腦。他還沒來得及回過神申辯一句，對方就把話筒掛了。

該負責人從事石油非標準設備製造很多年，經驗豐富，是一位懂技術的經理。他把藍圖拿來，一一對照仔細檢查，看不出半點紕漏。憑經驗，他確認設計方案無誤，於是就乘車去長島公司求見那位客戶。在路上，他想，如果我堅持自己是正確的，並指責客戶在技術上錯誤的地方，那麼必將激怒對方，使事態變得更加嚴重。我應該怎麼做才是對的？

當負責人心情平靜地推開客戶辦公室的門時，那位客戶立刻從椅子上跳起，一個箭步衝過來，劈哩啪啦數落了一頓。他一邊齜牙咧嘴，一邊揮舞著拳頭，氣勢洶洶地指責著該公司。

在一個失去理智的人面前，負責人不氣不惱，兩眼平靜地注視對方，一言不發。也許是負責人不慍不火的態度感染了客戶，使他發現對一個心平氣和的人發火是沒有道理的。他突然停止指責，最後聳聳肩，兩手一攤，用平常的聲音說了一句：「我們不要這批貨了，現在你看怎麼辦？」由於公司為這批訂貨已經投入兩萬美元。如果對方不要這批貨，重新設計製造，公司就要損失兩萬美元；如果與對方打官司，就會失去這家重要的客戶。負責人深諳銷售之道，當客戶大肆發洩一通後，問他：「好吧。現在你看怎麼辦？」負責人只是心平氣和地說：「我願意按照您的意願去辦這件事。您花了錢，當然應該買到滿意合用的東西。」只用兩句話，就平息了客戶的衝天怒氣。他接著開始提問：「可是事情總得有人負責才行，不知這件事該您負責，還是該我負責。」平靜下來的客戶笑著說：「當然得你負責，怎麼要讓我負責呢？」

「是的。」負責人說，「如果您認為自己是對的，請您給我張藍圖，我們將按圖施工。雖然目前我們已經花費了兩萬美元，但我們願意承擔這筆損失。為了使您滿意，我們寧願犧牲兩萬美元。但是，我得請您注意，如果按照您堅持的做法去辦，您必須承擔責任，如果讓我們照著計畫執行——我深信這個計畫是正確的，我負一切責任。」

該負責人堅定的神情、謙和的態度、合情合理的言語，終於使客戶意識到他發脾氣是沒有道理的。他完全平靜下來以後說：「好吧，按原計畫執行，上帝保佑你，別出錯！」結果當然是該公司沒有錯，按期交貨後，客戶又向他們訂了兩批貨。

該負責人事後說：「當那位客戶侮辱我，在我面前揮舞拳頭，罵我是外行時，我必須具備高度的自制力，絕對不能與他正面衝突。這樣做的結果很值得。要是我赤裸裸地直接說他錯了，兩人爭辯起來，很可能要打一場官司。那樣做的結果是：感情和友誼破裂，金錢受到損失，最終失去一位重要的客戶。在商業來往中，我深深相信，與顧客爭吵是划不來的。」

人有一個通病，不管有理沒理，當自己的意見被別人直接反駁時，總是會感到不快，甚至會被激怒。心理學家指出，用批評的方法不能改變別人，而只會引起反感；批評所引起的憤怒常常引起人際關係的惡化，而所被批評的事物依舊不會得到改善。當客戶遭到一位素昧平生的銷售人員的正面反駁時，其狀況尤甚。不要完全否定客戶的反對意見，不管是否在議論中獲勝，也會對客戶的自尊造成傷害，如此要成功地商洽是不可能的。屢次正面反駁客戶，會讓客戶惱羞成怒，就算你說得都對，也沒有惡意，還是會引起客戶的反感，因此，銷售人員最好不要開門見山地直接提出反對的意見，要給客戶留「面子」。

設身處地為客戶著想

某電鍍廠是一個中小型企業，建廠並投入生產 10 年，順利讓產量、產值、上繳利潤翻了四倍，市場占有率近 3 年在同行中連續保持領先地位。這個廠成功的關鍵是，能在市場環境變化的情況下，積極、主動地為客戶著想、讓客戶方便。例如該廠廠長在訪問客戶中發現，由於本廠的模壓碳片厚度不勻，造成客戶在使用前必須自己磨片，故不願使用，退貨率高。廠長回廠後立即採取了兩個措施：

一是想別人未想到的，增加磨片工序，提升產品品質。這雖然使成本增加，但從薄利多銷、減少退貨率、維持工廠信譽等等方面考慮的話，是相當划算的。

二是注意別人容易忽視的地方，改進內包裝。他們將原來 1 千克紙盒裝改為先用 500 克塑膠袋裝，然後再裝紙盒，從而讓客戶方便使用。

由於廠裡主動提升產品品質，使碳片退換率由 10 ～ 15%下降到 0%，受到使用者的普遍歡迎，碳片銷售額增加 4 倍，使該廠石磨碳片的全國市場占有率由 50%上升到 85%。

可見，一個企業要想實現利潤最大化，就要擁有更多的客戶，而這也是為何我們應該處處為客戶著想。客戶想要什麼？客戶需要什麼？特別是在一些小細節上面，細微之處見實力。要了解客戶的消費心理，了解客戶的感情，和客戶打成一片，處處為客戶著想，讓客戶有一種家的感覺。只有這樣才會有更多的客戶，我們的事業也才能在競爭中立足。企業如此，銷售人員亦如此。

銷售人員不僅是企業的代表，也是消費者的顧問。平時要想顧客之所想，急顧客之所急，不辭勞苦，積極為顧客服務。為此，銷售人員要具有消費者第一，消費者是「上帝」的念頭。

在銷售的過程中，要時刻站在客戶的角度去想，讓客戶時刻感覺到你的「偏心」和特別照顧，感覺到你是他們的自己人，只有這樣，才會對你所要銷售的商品和你本人感興趣。

站在客戶的立場為客戶著想，首先就要假設自己是客戶，你想購買怎樣的產品和服務？自己真正需要的是什麼？會如何要求售後服務？這樣就能站在客戶的立場去看待問題。

IBM 公司的一個銷售人員到一家公司去推銷電腦，說明來意後，年輕的主管果斷拒絕道：「我們不需要電腦，我剛上任，交接工作剛剛開始，很忙，也沒有時間學習電腦操作。」

銷售人員不慌不忙地說：「您和您的同事都很忙，我十分理解，而我來推銷電腦正是想幫你們的忙。」

這一下就引起了對方的興趣。銷售人員馬上繼續說道：「你們忙上忙下，不是因為不勤快，而是因為沒有認識到科技成果對提升效率的重要意義。我計算了一下，每個部門只安裝一臺電腦，您手下的人可以減掉五分之二，或者說減掉五分之二的工作量。您學會了，可以透過電腦調出資訊，做分析，省時又省力。」

IBM 公司的銷售人員幾句話就說服了這家公司的主管，在實際的銷售過程中，客戶與銷售息息相關的資訊有很多，這就需要銷售人員根據客戶的實際情況來加以選擇和運用。

銷售人員如果只是為了銷售產品而銷售，過多地談論自己，吹噓自己的產品，客戶很難對其產生信任。但銷售人員如果站在客戶的立場上，說出替客戶設身處地著想的話，就會贏得對方的興趣。因為對所有人來說，興趣產生的基礎莫過於與自己有關的事情，所以銷售人員就應該從談論客戶與銷售息息相關的資訊入手，站在客戶的角度闡發問題，使客戶注意到所銷售的商品。

身為一名銷售人員，經常換位思考是非常重要的。設身處地的為客戶著想，始終以客戶為中心，並站在客戶的角度去思考問題、理解客戶的觀點、知道客戶最需要的和最不想要的是什麼，只有這樣，才能為客戶提供一流的服務。一個優秀的銷售人員深知，多站在顧客的立場上想問題是成功銷售的重要祕訣。

原諒客戶無心的過失

在銷售過程中，難免會出現一些不理解和誤會，銷售人員應具備包容心，將銷售過程中所謂利益爭奪戰轉化成輕鬆的交談，在和諧的氣氛中完成交易。

客戶的性格不同，人生觀、世界觀、價值觀也不同。即使這個客戶在生活中不可能成為朋友，但在工作中他是你的客戶，你甚至要比對待朋友還要好地去對待他，因為這就是你的工作。銷售人員要有很強的包容心，包容別人的挑剔和無理。

有一位名叫克魯斯的保險銷售員，下面是他的一次經歷：

某位客戶在購買了克魯斯的一份意外傷害保險後，忘記取回一張非常重要的單據。而克魯斯在交給這位客戶一疊資料的時候，已經把所有的單據都幫他整理好了，可能是這位客戶在克魯斯的辦公室看完後遺漏了。於是，這張重要的單據就隱藏在克魯斯存有一堆客戶資料的資料夾裡，被束之高閣。

三個月之後的某天，這位客戶在外出旅遊時不幸摔傷，當他找到保險公司要求賠償的時候，保險公司要他提供兩張證明，否則不予賠償，其中就有他遺忘的那張單據。

其實，在這種情況下，克魯斯沒有任何責任，他也不知道那張要命的單據就在他這裡。當那位客戶找到克魯斯的時候，克魯斯迅速和他一起尋找那張單據。客戶仔細地回憶了存放單據時的每一個細節，但始終找不出單據的下落。

後來，克魯斯把存放客戶資料的資料夾取出進行查找，當客戶看到那張單據的時候，埋怨他不負責任，而克魯斯卻真誠地說：「真對不起，是我工作的失職，沒有提醒您取走這張重要的單據，差點就耽誤了您的事情。」

經過這件事以後，克魯斯不但沒有失去這位客戶，反而贏得了這位客戶的信任。後來，他還為克魯斯介紹了很多的客戶。

就這件事情本身而言，顯然客戶是錯的，是客戶自己忘記拿走那張重要的單據，克魯斯可以理直氣壯地說明情況，如果這樣做，能說克魯斯錯了嗎？但他並沒有這樣做，在為客戶找單據的同時甚至將客戶的錯誤主動地攬到自己的身上。試想，客戶錯了的時候你據理力爭，把客戶說得啞口無言，即便客戶認知到是自己的錯誤，心裡會舒服嗎？心中不悅便不會再來，其結果是你做得再對，最終失去的是客戶，與銷售的最終目的—透過創造顧客獲得經濟效益是相悖的；相反，抱著尊重客戶的態度，抱著「客戶永遠是對的」這樣一種理念，以理解的方式處理客戶遇到的所有問題，甚至主動把責任攬過來，達到讓每一位客戶滿意，則與銷售的最終目標是一致的。

有一個發生在雅典的真實故事。一天下午，兩位婦女走進了一家專門經營旅遊紀念品的商店。這家商店的經營面積不小，但商品的陳列非常凌亂，店裡沒有陳設商品櫃，銅雕、銀器、彩瓶、掛盤、仿古的大理石雕像，都隨意地擺在一張張木檯子上。

當時，商店裡沒有什麼人，兩位婦女閒逛了一圈後，在就要走出店門時，其中一個婦女大概仍然留戀某件商品吧，轉身要再看一眼—就在她轉身之際，她腰間的挎包將門口木檯子上的一個五彩瓷瓶撞到了地上，當場摔個粉碎。若在其他商店裡出現這個場面，毫無疑問，店主要堅持索賠，顧客要據理力爭，指責店主商品陳設不佳。但這次不一樣，正當那位婦女有些不知所措的時候，店主已經走到她面前說，「對不起！沒嚇著您吧？」這位婦女也連身道歉，問他：「要我賠嗎？」店主說：「不，您的經驗告訴我，應該把東西擺在恰當的地方。請吧，歡迎您再來！」

最後的結局是這樣的：那位婦女買走了一個古希臘的銅像。她的朋友大概也覺得這位店主可以信賴，買走了兩個彩色掛盤，皆大歡喜。

為什麼會出現這樣的結局呢？就是因為這家店主從顧客的角度去思考問題，當商品打破時，他首先想到的不是自己的利益而是顧客的感受，他不認為這是顧客的錯，相反卻檢討自己。把顧客的錯誤主動地攬到自己的身上，正是他贏得顧客的法寶。

妥善處理客戶的抱怨

在銷售過程中，銷售人員經常會聽到顧客的抱怨，如價格高、品質差、服務不周等。這種抱怨是顧客不滿意的一種表現，而只有重視顧客滿意度，才能帶來更多的顧客，獲得立足市場的資本。經調查發現，一個不滿意的顧客往往平均會向九個人敘述不愉快的購物經歷，可見，對客戶抱怨的管理至關重要，如果處理不好，銷售人員將失去眾多的客戶群，甚至葬送辛辛苦苦建立起來的商譽。

1. 及時了解顧客抱怨的原因

   顧客的滿意度可以從三個方面來展現，即產品和服務的品質、顧客的期望值、服務人員的態度與方式。既然顧客抱怨是對產品不滿意的表現，那麼，抱怨的原因也就可以說是因為這三個方面出現了問題。

   A. 產品或服務品質出現問題。這一問題是最為直接的，如產品本身存在問題，品質沒有達到規定的標準；產品的包裝出現問題，導致產品損壞；產品出現小瑕疵；顧客沒有按照說明操作而導致故障等等。一般這是顧客抱怨的最主要原因。

   B. 顧客對於產品或服務的期望值過高。顧客往往會將他們所要的或期望的東西與他們正在購買或享受的東西進行對比，以此評價購買的價值。一般情況下，顧客的期望值越大，購買產品的欲望相對就越大。但當顧客的期望值過高時，顧客的滿意度就越小，容易對產品產生抱怨。因此，企業應該適度地滿足顧客的期望。

C. 銷售人員的服務態度和方式問題。當銷售人員為顧客提供產品和服務時，如果銷售人員缺乏正確的推銷技巧和工作態度，都將導致顧客的不滿，往往容易使顧客抱怨連連。

2. 如何看待顧客的抱怨

當顧客抱怨起企業的產品或服務時，很多銷售人員都會採取了積極有效的措施來處理。那麼，該如何看待顧客的抱怨呢？怎樣處理這些抱怨呢？

對於顧客的抱怨，一定要加以重視。事實上，顧客的抱怨不僅可以增進銷售人員與顧客之間的溝通，而且可以診斷企業內部經營與管理階層所存在的問題。所以，當顧客投訴或抱怨時，不要忽略任何一個問題，因為每個問題都可能有一些更深層的原因。正確對待顧客的投訴與抱怨有可能會讓你發現需要改進的領域。這一點可以這樣理解：顧客的不滿中蘊涵著商機，既是創新的泉源，也可以使服務更完善。

在美國迪士尼樂園有一個醒目的大牌子：10 歲以下的兒童不能遊玩「太空穿梭」。不過有的遊客雖帶著 10 歲以下的孩子，但由於興奮而往往會忽略這一告示牌，以致於有時候排了好長時間的隊，到最後卻不能遊玩。

此時的遊客一定會感到非常遺憾。為此，迪士尼樂園的服務人員往往會親切地上前詢問孩子的姓名，然後拿出一張印製精美的卡片，在上面寫上孩子的姓名，告訴孩子，歡迎他到合適的年齡再來玩這個設施，到時拿著這張卡片就不用排隊了，因為在他沒到年齡的時候已經排過隊了。於是遊客原來的沮喪馬上不見了，並且還能心情愉快地離去。一張卡片不僅平息了顧客的不滿，還為迪士尼樂園拉到了一個忠誠的顧客。

對此，市場行銷學家認為，當顧客對企業的產品或服務感到不滿意時，通常會有兩種表現，一是顯性不滿，即顧客直接將不滿表達出來；二是隱性不滿，即顧客不說，但以後可能再也不來消費了。銷售人員對顯性不滿往往會重視和積極處理，對隱性不滿卻疏於防範。但據調查顯示，隱性不滿占到了顧客不滿意表現的70%。因此，銷售人員應該對隱性不滿多加注意，感知顧客表情、神態、行為舉止，以分析顧客抱怨的原因，做到未雨綢繆。

所以，對於顧客的抱怨應該及時正確地處理。拖延時間，只會使顧客的抱怨變得越來越強烈，使顧客感覺自己沒有受到足夠的重視，可能會使小事變大，甚至殃及企業的生存；而處理得當，顧客的不滿則會變成美滿，顧客的忠誠度也會得到進一步提升。

此外，對於顧客的抱怨與解決情況，要做好紀錄，並且定期總結。在處理顧客抱怨中，如果發現顧客不滿意的是產品品質問題，應該及時通知製造商；如果是服務態度與銷售技巧問題，應該向管理部門提出，以加強教育與培訓。

3. 處理抱怨的技巧

在處理顧客的抱怨時，除了要依據一般程序外，還要注意與顧客保持溝通，改善與顧客的關係。掌握實用的小技巧，有利於縮小與顧客之間的距離，贏得顧客的諒解與支持。

A. 心態平和。對於顧客的抱怨要有保持平常心，顧客抱怨時常常都帶有情緒或者比較衝動，這時應該體諒顧客的心情，以平常心對待顧客的情緒性行為，不要把個人的情緒變化帶到抱怨的處理之中。

B. 認真傾聽。大部分情況下，抱怨中的顧客需要忠實的聽眾，喋喋不休的解釋只會使顧客的心情更差。面對顧客的抱怨，銷售人員應掌握好聆聽的技巧，從顧客的抱怨中找出顧客期望的處理方式。

C. 轉換角色。在處理顧客的抱怨時，銷售人員應站在顧客的立場思考問題：「假設自己遭遇顧客的情形，希望銷售人員怎樣做呢？」這樣能體會到顧客的真正感受，找到有效的方法來解決問題。

D. 保持微笑。滿懷怨氣的顧客在面對春風般溫暖的微笑時會不自覺地減少怨氣，進而願意與銷售人員友好合作，如此一來便可以達到雙方滿意的結果。

E. 積極運用肢體語言。在傾聽顧客的抱怨時，銷售人員要積極運用肢體語言進行溝通，促進對顧客的了解。比如眼神關注顧客，使他感覺受到重視；在顧客抱怨的過程中，不時點頭，表示肯定與支持。這些措施都能鼓勵顧客表達自己真實的意願，並且讓顧客感覺自己受到了重視。

銷售菁英必備的心理素養

一個銷售人員只有具備良好的心理素養，才能夠面對挫折，不因此氣餒。每一個客戶都有不同的背景，也有不同的性格、處世方法，要多分析客戶，不斷調整自己的心態，改進工作方法；受到打擊時，要能夠保持平靜的心態，使自己能夠去面對一切責難。只有這樣，才能夠克服困難，成為銷售菁英。

勇敢面對銷售挫折

曾經有一個富家子弟，不希望借助家庭背景發展事業，打算從基層工作開始，於是做起了銷售員。但在經歷了最初的幾次挫折後，不禁萌生退意，想要換別的工作。他的父親，一位從做銷售起家的億萬富翁是這樣對他說的：如果你連一件商品都銷售不出去，你怎麼能成功地銷售出自己呢？如果連自己都銷售不了，你做什麼事情能成功嗎？記住，銷售就是人生，你可以逃避銷售工作，但你能逃避人生嗎？

人生道路，到處布滿了荊棘，有著各式各樣的挫折，逃避是解決不了問題的。我們只有堅強地去面對、去奮鬥，才會獲得真正的人生和成功。

瑪麗是美國聖保羅市的縫紉機銷售員，每月平均保持銷售 15 臺的紀錄，這一紀錄一直使她備感驕傲。有一天，瑪麗在魚市上向一位中年人推銷，卻遭到喝斥，並警告說如果她再不離去，就要把水潑到她身上。瑪麗並未介意，還想繼續和他講話，但做夢也想不到的是，那位中年人竟然真把整桶的水毫不客氣地倒向了她，使她當眾成了一個落湯雞。受到這種羞辱，她不禁淚珠滾滾。「我何必要接受這種恥辱？即使我不做縫紉機的推銷工作，丈夫的收入也足夠養活一家人。在外拋頭露面，還碰到這種惹人笑話的事……我……再也不做銷售員了！」

瑪麗下定了決心。但是，她回家之後就冷靜了下來，她覺得自己不能在這種恥辱的面前退卻，一股不服輸的念頭油然而生。經過數天的思考，她終於得出一個結論：「目前，我在公司一直是銷售冠軍，也許，這個工作就是我的天職，很可能是上帝有意的安排。如果我就此停止銷售工作，這一生必定到死都要受這次失敗和恥辱感的纏繞，永遠不得安寧。好吧，我絕不為這次事件而氣餒，我要一直維持冠軍寶座到四個孩子大學畢業。」此後，瑪麗以魚市上的失敗為新的起點，創造了連續 15 年銷售成績第一的佳績。在美國的任何行業，至今還沒有一個銷售員，改寫這一在自己的公司守住 15 年冠軍寶座的紀錄。正是因為瑪麗激發了自己的能力，不向失敗低頭，才贏得了屬於自己的榮譽。

生活中總有坎坷和困難，銷售工作也會遇到各樣的問題。事實上，每一次問題出現，都可以看作是提升自身能力的一次考驗。當你邁過了這道坎，也意味著你的銷售水準躍升到更高的層次。

再試一次就可能成功

自古成功在嘗試，勇於嘗試，是成功的必經之路。在銷售過程中，一個銷售員如果不敢勇於嘗試，不能承受失敗的痛苦，便得不到成功的喜悅。所以在面對客戶的拒絕時，銷售人員要有再試一次的勇氣，凡事勇於嘗試，能夠面對事實，困難才會迎刃而解。

張華靖大學畢業後去一家 IT 公司應聘銷售人員。他興沖沖地提前 10 分鐘到達了公司所在大廈的一樓大廳裡。當時，張華靖很自信，他在學時成績很好，年年都拿獎學金。那家 IT 公司在這座大廈的 12 樓。這座大廈管理很嚴，兩位精神抖擻的保全分立在兩個門口旁，他們之間的長桌上有一塊醒目的牌子：「訪客請登記。」

張華靖整理了一下衣服，然後向前詢問：「先生，請問 1201 房間怎麼走？」保全問：「你預約了嗎？」「是的，我已經約好時間來面試的。」張華靖回答說。「好，請你稍等，我打個電話，核對一下。」說著，保全抓起電話，過了一會說：「對不起，1201 房間沒人。」「不可能吧，」張華靖忙解釋，「今天是他們面試的日子，您看，我這裡有面試通知。」那位保全又打了幾次：「對不起，先生，1201 還是沒人；我們不能讓您上去，這是規定。」

時間一秒一秒地過去。張華靖心裡雖然著急，也只有耐心地等待，同時祈禱該死的電話能夠接通。已經超過約定時間 10 分鐘了，保全又一次彬彬有禮地告訴他電話沒通。

張華靖當時壓根也沒想到第一次面試就吃了這樣的「閉門羹」。面試通知明確規定：「遲到 10 分鐘，取消面試資格。」他猶豫了半天，只得自認倒楣地回到了學校。

晚上，張華靖收到了一封電子郵件：「先生，您好！也許您還不知道，今天下午我們就在大廳裡對您進行了面試，很遺憾您沒通過。您應當注意到那位保全先生根本就沒有撥號。大廳裡還有別的公用電話，您完全可以自己詢問一下。我們雖然規定遲到 10 分鐘取消面試資格，但您為什麼立即放棄卻不再努力一下呢？祝您下次成功！」

當你因為又一次的失敗而傷心，甚至打算放棄時，你是不是想過再試一次？要知道，在銷售的過程中總是會遇到各種各樣的失敗。失敗了不要氣餒，只要有「再試一次」的勇氣和信心，你就能獲得成功。

市村清是日本理光公司的董事長，也是舉世聞名的企業家，他年輕的時候，也曾經是一位保險推銷員。

有一次，市村清試圖勸說一位校長參加投保，三個月內他跑了十幾趟，每次那位校長都客氣而又堅決地回答他說：「很抱歉，我不想買保險。」最後，市村清終於放棄了，他回到家裡，疲憊地對妻子說：「我實在不想做了，三個月來我馬不停蹄地奔波，可卻一點成效都沒有。」

妻子充滿愛憐地看著他說：「為什麼不再試一次呢？說不定再堅持一下就成功了呢！」

「為什麼不再試一次呢？」妻子的話觸動了市村清。第二天，市村清懷著再試一次的想法，穿戴整齊，又一次敲開了校長家的門。沒想到，這一次，還沒等市村清開口，校長竟痛快地說：「好吧，我買你的保險。」市村清愣在那裡，真是又驚又喜。

自從那次成功以後，市村清更有信心了。每推銷一筆保險，他都堅持到底，直到成功為止。幾個月後，他便成了九州地區最優秀的保險推銷員。

後來，每次談到自己成功的經驗時，他都意味深長地說：「我所有的成功都來自妻子的那句話—為什麼不再試一次呢？」

成功沒有祕訣，只有在行動中嘗試、改變、再嘗試、再改變，才能取得成功。有的人成功了，只因為他比我們嘗試的次數、遭受失敗的次數更多而已，只要不斷嘗試，永不放棄，就一定能成功。

克服膽怯害羞的心理

優秀的銷售人員應具備的心理素養就是不畏懼。因為銷售職業生涯中，頭號殺手既不是商品的價格，也不是大環境的經濟蕭條，甚至不是競爭對手的策略或拒絕見面的客戶，心理學家認為，真正阻礙銷售人員成功的是他們拜訪客戶的膽怯心理。

世界上沒有一點都不膽怯、害羞和臉紅的人，人人都有，只是程度不同、持續的時間長短而已。

膽怯，只是心理問題，也許是長久以來家庭和所處的環境所影響，要想解決這個問題，需要有意識的透過一些方法來克服自己的心理。

法蘭克．貝特格（Frank Bettger）從事保險銷售工作的第一年，因為收入不夠高，又兼職棒球隊教練。

工作期間，他接到賓夕法尼亞州切斯特縣基督教男青年會的一份邀請函，讓他參加他們舉辦的一個名為「清潔語言、清潔電話、清潔體育活動」的演講會，並要求他演講。對他來說這可是個大難題，因為，他根本沒有在大庭廣眾之下說話的勇氣，有時連對一個陌生人說話也會臉紅。他深知這種性格在許多情況下會阻礙自己獲得更大的成功，但又不知如何改善;而眼下，那個演講十分重要，他根本無法推託。

第二天，他去了費城的基督教男青年會，向他們打聽有沒有公眾演講訓練班。出乎意料，該會的教育主管說:「啊，我們正好有一個，你隨我來。」他跟著他穿過長廊，到了一間坐滿了人的屋子裡。當時一個人剛做完演講，還有一個人對他的演講評論。坐下來後，教育主管小聲地對他說:「這就是公眾演講訓練班。」正說著，又一個起身演講。那個人表現得十分緊張，不過，這鼓勵了法蘭克。他心想:「可別跟他一樣，我的演講定會洪亮、流利。」

又過了一會，原來評論演講的那個人走了過來。教育主管告訴他，此人名叫戴爾．卡內基。法蘭克對卡內基說:「我想參加培訓班。」卡內基說:「可以，但這個班的課程已過一半了。」法蘭克說:「不，我要馬上加入。」卡內基笑了，握住法蘭克的手說:「沒問題！下一個就由你來講。」當時，法蘭克緊張得要命，連一句「你好」都說不出來。

幸運的是，他後來參加了一系列訓練，還有每週的例會。兩個月後，他去切斯特縣基督教男青年會做了一次演講。這時，他已克服膽怯，可以輕鬆地對大眾講述自己的經歷。法蘭克講了他在棒球隊的經歷以及為何中途結束棒球生涯。這次演講持續了一個半小時，講完之後，有二三十人跑上來和他握手，告訴他，他們是多麼的激動。法蘭克也十分高興，對自己的演講取得如此好的效果感到十分滿意。

這簡直是個奇蹟！兩個月前，他還不敢在公眾場合講話，而現在能使上百人聚在一起全神貫注地聽他講述自己的人生經歷。演講的成功帶給他巨大的快樂和無比的自信。他知道這是兩個月的培訓成果，25 分鐘一次的演講訓練讓他獲得巨大進步，比那些整天呆坐靜聽一言不發的人好多了。

他的另一個驚喜是結識了布賴．衛克斯先生。布賴．衛克斯先生是德拉瓦州著名的律師，當時擔當演講會的主持人。演講結束後，衛克斯先生親自送他上火車。登車之時，他說了些讚美的話，還邀他有空再來。最後，他告訴法蘭克:「我和一個同事最近正討論要買保險，希望之後有機會和你談談。」

那次訓練給他的最大益處就是讓他獲得了自信與勇氣。他所見過的成功人士都是富有勇氣和充滿自信的，可以輕鬆自如表達自己。這次演講訓練激發了他內心的熱情，使他能夠更加自在地對別人表達自己的看法。從此，他徹底摧毀了自我的最大敵人—膽怯。

由此可見，只要在生活中堅持多改變自己，不斷地去學習，膽怯的心理是可以克服的。

怯場對銷售工作的影響是致命的。當銷售人員在客戶面前面紅耳赤、吞吞吐吐的時候，給客戶留下的就是負面的印象，客戶會認為銷售人員不誠實、不幹練，進而降低對銷售人員的信任，影響銷售工作。因此，銷售人員必須勇於推銷自己，盡可能地爭取到周圍人的認可。其實，只要你能鼓起勇氣，勇敢地邁出第一步，以後的事就不會令你覺得那麼困難了。

銷售工作沒有什麼不可能

在銷售工作中，銷售人員總是會面臨各種意想不到的情況。有些銷售人員一遇到困難，就最容易給自己找到藉口，認為困難是不可能戰勝的，而讓自己淪於平庸，喪失積極的工作心態。這是許多銷售人員的通病，並且成為他們推脫各種工作困難的理由。這一點在銷售菁英身上是看不到的。與其相反的是，在銷售菁英的字典裡，沒有「不可能」三個字，他們看來，越是不可能成功的事，越可能成功。

在美國，拿破崙．希爾的名字家喻戶曉，他創造性的建立了全新的成功學。他創建的成功哲學和十七項成功原則，以及他永遠如火如荼的熱情，鼓舞了千百萬人，因此他被稱為「百萬富翁的創造者」。那麼，他是如何取得這一成就的呢？

拿破崙·希爾出生於美國維吉尼亞的一個貧寒之家。年輕的時候，他懷有成為作家的野心。要達到這個目標，他知道自己必須精於遣詞造句，文字將是他的工具。但由於他小時候家裡很窮，無法接受良好的教育，因此，有些朋友「善意的」告訴他，說他的野心是「不可能」實現的。

年輕的希爾存錢買了一本最好的、最完整的、最漂亮的字典，他所需要的字都在這本字典裡，而他的意念是完全了解和掌握這些字。但是他做了一件奇特的事，他找到「不可能」這個詞，用小剪刀把它剪下來，然後丟掉，於是他有了一本沒有「不可能」的字典。往後他的事業發展便是以此為圭臬，對一個想要成長，並且要成長得超過別人的人來說，沒有任何事情是不可能的。

後來，他終於成為美國成功學勵志專家，成功學、創造學、人際學的世界頂尖培訓大師，他的著作《成功規律》、《人人都能成功》、《思考致富》等被譯成 26 種文字，在 34 個國家和地區出版發行，暢銷 200 多萬冊，是所有追求成功者必讀的教科書，數以萬計的政界要員、商賈富豪都是他著作的受益者。

由此可見，當你在工作上遇到難題或困難時，永遠不要讓「不可能」束縛自己的手腳。只要你從你的字典裡把「不可能」這個詞刪除，從你的心中把這個觀念剷除，從你談話中將它剔除，從你的想法中將它排除，從你的態度中將它掃除，不要為它提供理由，不再為它尋找藉口，把這個字和這個觀念永遠的拋棄，而用光輝燦爛的「可能」來替代他，你就能夠將不可能變為可能。

對銷售菁英來說，這個世界上不存在「不可能完成的銷售任務」。不斷挑戰極限是每個銷售菁英的樂趣，只有超乎常人的困境才會讓他們從中得到鍛鍊。勇於向「不可能完成的事」挑戰的精神，是獲得成功的基礎。

努力激發自身的潛能

任何成功者都不是天生的，成功的根本原因是成功者開發了自身無窮無盡的潛能。每一個人的內部都有相當大的潛能。愛迪生曾經說：「如果我們做出所有我們能做的事情，我們毫無疑問地會使我們自己大吃一驚。」

1924 年 11 月，在美國霍桑工廠，以哈佛大學心理專家梅奧為首的研究小組試圖透過改善工作條件與環境等外在因素，找到提升勞動生產率的途徑。他們選定了繼電器廠房的六名女工作為觀察對象。在七個階段的試驗中，主持人不斷改變照明、薪資、休息時間、午餐、環境等因素，希望能發現這些因素和生產率的關係。但是很遺憾，不管外在因素怎麼改變，試驗組的生產效率一直在上升。

實際上，當這六個女工被抽出來成為一個工作組時，她們已經意識到了自己是一個特殊的群體，是這些專家一直關心的對象。這種受注意的感覺使得她們加倍努力工作，以證明自己是優秀的，是值得關注的。另一方面，這種特殊的位置使得六個女工之間團結得特別緊密，誰都不願意因為自己而讓這個集體受到拖累，她們之間甚至形成了某種默契。正是這種個人微妙的心理和團結奮進的精神，促使著她們的效率不斷提升，產量上升再上升！

可見，每個人都有無窮的潛力，你認為自己是什麼樣的人，你就能成為什麼樣的人。強烈而積極的心理暗示，可以激發人的工作熱情，引發無限潛能。

某小印刷公司推行擴大銷售計畫，每 6 個月僱用一名推銷員。新僱用的銷售人員必須先在辦公室學習商品知識和談判方法，然後跟著銷售主管到現場學習，最後才能得到該公司經理接見的機會。當經理對他講一些具有鼓勵性的話時，他就等於領到了「銷售術的畢業證書」。

有一年，該公司僱用了一個不成熟而且缺乏信心的年輕銷售員，這位銷售員經過前兩個階段的學習後，對自己能否勝任工作一點把握也沒有。他甚至擔心經理不發給他「畢業證書」呢。

可是，那位經理在對他講了「你能做好的」之類的鼓勵性的話後，說道：「你聽著，接下來要見的客戶可能會對你大吼大叫，彷彿要把你吃掉似的。不過你放心，無論他說什麼，你都不要介意。」

「對我來說，希望你默不作聲地聽著，然後說『是的，先生，我明白了。我帶來了本市最好的印刷業務的商談說明，我想這份說明，也一定是你想得到的東西。』總而言之，他說什麼都沒關係，你要堅持你的立場，然後反過來講你要說的話。可不要忘記啊，他最後無論如何都會向我們的銷售人員訂貨的。」

這位被鼓足勇氣的年輕銷售員衝到了對門大街的屋裡，報了自己公司的名字。在頭 5 分鐘裡，他沒有機會講上一句話。因為他的會面對象不停地講一些無關緊要的事情，一會兒教他某種菜的吃法，一會兒又教他一些莫名其妙的英語詞彙。好在這位銷售員事先得到過警告，他耐心地等待暴風雨的過去。最後他說：「是的，先生，我明白了。那麼，這是本市最好的印刷業務的商談說明，我想這份說明，也一定是你想得到的東西。」這樣一進一退的攻防戰大約持續了半個小時。半小時後，那個年輕的銷售員終於得到了該印刷公司從未有過的最多的訂貨。

經理看了一下訂單，滿臉驚訝地說：「喂，你搞錯人了吧？你見到的那個人，在我們遇到的客戶中是最吝嗇、最討厭、最愛吵架，而且是最愛說粗話的人！我們這 15 年來總想讓他買點什麼東西，可是那傢伙連 1 塊錢的東西也不肯買。總之，他從來沒跟我們買過一件東西。」

那麼，是什麼使這位年輕的銷售員獲得了這種成功呢？很顯然，是經理的話讓他鼓足了勇氣、充滿了信心。

在銷售過程中，積極狀態下的欲望，可以使銷售人員的力量發揮到極致，有時甚至能完全開發自己的潛能。當你有足夠強烈的欲望去爭取銷售訂單的時候，所有的困難、挫折、阻撓都會為你讓路。

不要害怕客戶的拒絕

曾有個業績優秀的銷售員說：「銷售成功的祕訣就是初次遭到顧客拒絕之後的堅持不懈。也許你會像我那樣，連續幾十次、幾百次地遭到拒絕。然而，就在這幾十次、幾百次的拒絕之後，總會有一次，顧客同意採納你的計畫，為了這僅有的一次機會，銷售員會拼死努力，銷售員的意志與信念就顯現於此。」

銷售肯定有被拒絕的時候，如果每個人都排隊去買產品，那銷售人員也就沒有作用，頂尖銷售人員也不會被人們所尊重。所以銷售遭受拒絕是理所當然的。

銷售菁英認為被拒絕是常事，並養成了習慣吃閉門羹的氣度。他們會時常抱著被拒絕的心理準備，並且懷有征服顧客的自信，這樣的銷售人員會以極短的時間完成推銷。即使失敗了，他們也會冷靜地分析顧客的拒絕方式，找出應對這種拒絕的方法來，待下次遇到時即可從容應對，成交率也會越來越高。

有個日本著名的保險銷售員向一家企業推銷企業保險，持續拜訪了好幾次都無功而返。出於無奈，他只得把目標集中在一個人身上，那就是該公司的財務科長。

誰知，財務科長根本不肯與他會面，他去了好幾次，對方都以抽不出身為由，始終未露面。銷售員並沒有放棄，一邊堅持電話約訪，一邊堅持登門拜訪。

一個多月後，對方終於同意接見他。

當他向這位科長展示了詳細的保險方案，誰知財務科長剛聽了一半就說：「這種方案，不行！」

銷售員相當無奈，又不得不對方案進行了反覆推敲、認真修改，第二天上午又去拜見財務科長。對方再次以冷冰冰的語氣說：「這樣的方案，無論你說多少次都沒有用，因為本公司根本就沒有繳納保險的預算。」

然而這名銷售員並沒有因此而灰心，而是決心要簽下這份保單。

從此，他開始了長期、艱苦的推銷訪問，前後大約跑了三百餘次，整整持續了三年。

齊藤竹之助從家到顧客的公司來回一趟需要 4 個小時，一天又一天，他抱著厚厚的資料，懷著「今天肯定會成功」的信念，不停地來回奔波。

三年後，皇天不負苦心人，他終於成功地簽下了這份保單。

客戶的拒絕是銷售活動中必然會遭遇的問題，沒有一樁銷售絕對不會遇到問題或懷疑。即使有人已經完全準備要購買你的產品或服務，他也會對這樁買賣在某些方面存在疑惑和不確定。你必須要能減少他們對犯錯的恐懼，並且讓他們相信你的建議完全可靠，這才是決定成敗的重要因素。

一個成功的銷售員首先應當是一個能解決問題的銷售員。所以，在銷售工作中，不要害怕客戶的拒絕，你應當時刻做好準備接受客戶的拒絕。只有如此，你才能坦然地面對每一次銷售，並最終成為一個優秀的銷售員。

不放棄，銷售才會有意義

做任何事情都不是一帆風順的，銷售更是如此。但是，既然你有勇氣接受銷售這樣一種職業，你就應該勇於面對銷售過程中的各種挫折，勇於正視客戶的拒絕，勇於承受多日來沒有簽下一份購買合約的事實，勇於直面許多人對你的冷眼和歧視……當你勇於應對這些挫折，並努力想辦法進行解決時，你已經開始踏上銷售的成功之路。

某個一流的保險銷售大師，他的退休大會上，招待了保險界的各路菁英。許多同行問他：「銷售保險的祕訣是什麼？如何才能像您一樣成功？」

這位銷售大師在講臺上，自信地微笑著，看來他對回答這個問題是胸有成竹，早有準備。

這時，場內燈光逐漸暗了下來，接著從幕後走上來四名彪形大漢。他們合力扛著一座鐵馬，鐵馬下垂著一個大鐵球。現場人士還在「丈二和尚摸不著頭腦」時，鐵馬被抬到一個十分結實的講臺上。

銷售大師手執小錘，朝大鐵球敲了一下，大鐵球沒有動；隔了5秒，他又敲了一下，大鐵球還是沒動。就這樣，每隔5秒，他都再敲一下……

10分鐘過去了，大鐵球紋絲不動；20分鐘過去了，大鐵球依然紋絲不動；30分鐘過去了，大鐵球還是紋絲不動……此種情形在臺下的同行中引起一陣騷動，後來有人陸續離場而去，再後來人越走越多，最後留下來的只有零星幾個人。但是，銷售大師手執小錘，還是全神貫注地堅持敲著大鐵球。

經過40分鐘後，大鐵球終於開始慢慢地晃動了，後來搖晃的幅度越來越大，就算有人想讓大鐵球立刻停下來，也是很難辦到的事情了！

留下來的幾個同行興奮起來，又開始追問他：「銷售保險的祕訣是什麼？如何才能像您一樣成功？」

一直默默不語的銷售大師此刻說：

「只要找對方向，成功者，絕不會放棄；放棄者，絕不會成功。」

銷售員必須具備頑強的敬業精神，百折不撓。要知道，拒絕是不可避免的，不能因為拒絕一多，就灰心喪氣，一蹶不振。失敗乃成功之母。要學習在失敗中站起來。在銷售行業中，一帆風順的事是微乎其微的。你要記住：銷售員永遠是一位孤獨的戰士，在不斷地被人推出門後，還能再次舉起手來敲門；也許，機會就在那最後的一敲。

堅持到底就會成功

常言道：天下無難事，只怕有心人。銷售事業貴在堅持。堅持，是一個銷售人員意志的展現；堅持是一種品格，一種自信，更是一種勇氣，是銷售人員獲得成功的一種方式。

銷售行業總會遇到挫折與困難，有的銷售員一次就放棄，有的銷售員兩次後放棄，也有的銷售員堅持到五次後放棄；不管幾次，放棄的結果是一樣的—失敗。失敗幾次不要緊，只要不放棄，就只有一種結果—成功。

有一對兄弟從鄉下來城裡找工作，他們既沒有漂亮的學歷又沒有工作經驗，幾經波折才被一家禮品公司招聘為業務員。

兄弟兩人沒有固定的客戶，也沒有任何關係，每天只能提著沉重的影碟、鑰匙圈、鏡框、手電筒以及各種工藝品的樣品，沿著城市的大街小巷去尋找買主。半年過去了，他們跑斷了腿，磨破了嘴，仍然到處碰壁，連一個鑰匙圈也沒有推銷出去。

無數次的失望磨掉了弟弟最後的耐心，他向哥哥提出兩個人一起辭職，重找出路。哥哥說，萬事起頭難，再堅持一陣，也許下一次就有收穫。弟弟不顧哥哥的挽留，毅然告別那家公司。

第二天，兄弟倆一同出門。弟弟按照招聘廣告的指引到處找工作，哥哥依然提著樣品四處尋找客戶。那天晚上，兩個人回到租屋處時卻是兩種心境：弟弟求職無功而返，哥哥卻拿回來推銷生涯的第一張訂單。一家哥哥登門四次過的公司要召開一個大型會議，向他訂購 250 套精美的工藝品作為與會代表的紀念品，總價值二十多萬元。哥哥因此拿到兩萬元的佣金。從此，哥哥的業績不斷攀升，訂單一個接一個而來。

幾年過去了，哥哥不僅擁有了汽車，還擁有 30 幾坪的房子和自己的禮品公司。而弟弟的工作卻一個接一個的換著，連穿衣吃飯都要靠哥哥資助。

弟弟向哥哥請教成功的真諦。哥哥說：「其實，我成功的全部祕訣就在於我比你多了一份堅持。」

這個故事告訴我們，獲得銷售成功的法則是很簡單的，那就是鍥而不捨，只要你能堅持到底，你就會贏得最後的勝利。

在銷售過程中，總會有很多困難，只要不斷努力去做，就能戰勝一切。哪怕事情再苦、再難，只要我們持之以恆、堅持到底，我們就有希望，就有成功的可能。

每一個銷售菁英的成功，其祕密都在於不屈不撓的意志力和執著頑強的忍耐力；即便因為屢次失敗而遍體鱗傷，仍然痴心不改，堅持到底！

傑克遜曾經是紐約時報的一個小職員。他大學畢業後，來到報社當廣告業務員。他對自己的能力充滿了無比的信心，甚至向經理提出不要薪水，只按廣告費抽取佣金。經理答應了他的請求。

上班的第一天，傑克遜就列出一份客戶名單，準備去拜訪一些特別而重要的客戶，他認為只有爭取到大客戶，才能使自己獲得的佣金更多，而公司其他業務員都認為他痴心妄想，想要爭取這些客戶簡直是天方夜譚。在拜訪這些客戶前，傑克遜把自己關在屋裡，站在鏡子前，把名單上的客戶念了10遍，然後對自己說：「在本月之前，你們將向我購買廣告版面。」之後，他懷著堅定的信心去拜訪客戶。第一天，他以自己的努力和智慧與20個「不可能的」客戶中的3個談成了交易；在第一個月的其餘幾天，他又成交了兩筆交易；到第一個月的月底，20個客戶只有一個還不買他的廣告。

對於傑克遜的表現，經理十分滿意。但傑克遜本人卻不這麼認為，他依然鍥而不捨，堅持要把最後一個客戶也爭取過來。第二個月，傑克遜沒有去發掘新客戶，每天早晨，那個拒絕買他廣告的客戶的商店一開門，他就進去勸說這個商人做廣告。而每天早晨，這位商人都回答說：「不！」每一次傑克遜都假裝沒聽到，然後繼續前去拜訪。到那個月的最後一天，對傑克遜已經連著說了數天「不」的商人口氣緩和了些：「你已經浪費了一個月的時間來請求我買你的廣告了，我現在想知道的是，你為何要堅持這樣做。」

傑克遜說：「我並不認為自己是在浪費時間，相反，我倒是覺得自己在上學，而你就是我的老師，我一直在訓練自己在逆境中的堅持精神。」那位商人點點頭，接著傑克遜的話說：「我也要向你承認，我也等於在上學，而你就是我的老師。你已經教會了我堅持到底這一課，對我來說，這比金錢更有價值，為了向你表示我的感激，我要買你的一個廣告版面，當作我付給你的學費。」

就這樣，傑克遜憑著自己堅持到底的精神贏得了那個客戶，達到了預期的目標。在銷售事業中，我們往往因為缺少這種精神而和成功失之交臂。有的時候，成功者與失敗者之間的區別也就僅僅在於是否能夠堅持到底。成功不在於力量的大小，而在於能堅持多久。只有你鍥而不捨地堅持到底，那麼你就能成為一名銷售菁英。

失敗是成功之母

在銷售過程中，每個銷售人員都有一門重要的學問要學，那就是怎麼去面對「失敗」，處理得好壞往往就決定了銷售的成敗。失敗並不重要，重要的是失敗之後的處理方式。失敗者與成功者的區別不是在於他們失敗的次數多寡，而是在他們失敗後有什麼不同的態度和作為。

銷售是最容易遭遇挫折的職業。銷售人員應以積極、坦然的態度對待成交的失敗，真正做到不氣餒。而現實中有些銷售人員經歷了幾次失敗之後，擔心失敗的心理障礙愈為嚴重，以至於產生心態上的惡性循環。實際上，即使是最優秀的銷售人員，也不可能使每一次推銷洽談都如願成交。在銷售活動中，真正達成交易的只是少數。應該充分地認識到這一事實，銷售人員才會鼓起勇氣，不怕失敗，坦然接受銷售活動可能產生的不同結果。

1960 年代，日本丸井公司社長到美國去作商業考察，發現美國的「超級市場」很興旺，其集生活日用品於一處，任人選購的銷售方式與銷售業績，使他產生「日本開這種超級市場也一定大有前途」的新構想。於是，回國後立即付諸行動，在他經營信用卡的公司六七樓開辦了「生活日用品超級市場」，並且想盡辦法經營。然而開辦一年多後，不但沒有賺到錢，反而虧了大本，赤字 3,000 萬日元。

面對這次失敗，該社長沒有怨天尤人，而是進行了認真的反思，從而找出了失敗的癥結。他發現，開拓新領域必須要謹慎。第一，要在行。他們原先對經營生活日用品並不在行，又經營信用卡業務，因此就吃了大虧。第二，「魚與熊掌不可兼得」。在他們經營生活日用品時，分出了 40 名年輕力壯的管理人才，使他們原來生意興旺的信用卡業務受到損失，結果兩種經營都沒做好。第三，要選擇好經營地點和需求。他的超級市場賣生活日用品，開在六七樓，又沒電梯。許多人不願意為了買一兩種蔬菜、魚肉或日用品而上樓。第四，當發現有問題時，應當立刻「剎車」。該公司在六七樓，經營三個月沒有生意，明知是錯的決策，社長為面子還獨斷專行，又在一樓另開了兩個「生活日用品超級市場」，結果花費越來越大，生意也不好，赤字增大。經過這一番深刻的檢討與反思，他們調整了經營部署，果斷退出了他們不熟悉的生活日用品經營業，繼續拓展信用卡業務，最終成為日本一家規模龐大的公司。

失敗是任何人都不願意看到的事情，但是，在很多時候，這也是難以避免的事情。出現失敗後怎麼辦？如果你因此灰心喪氣，悲觀失望，則只能坐以待斃，一事無成；如果你能從失敗中汲取教訓，總結經驗，這條路不行走那條路，這種方法不行用那種方法，你就一定能夠走出失敗的陰影，邁向成功的目標。

所以，對於一名成功的銷售人員來說，他們最大的經驗就是不怕失敗，從失敗中學習，即使被拒絕，只要盡到自己的職責，就不必太沮喪，盡可能找出其原因，然後再加強進攻。失敗並不可怕，關鍵是能夠在失敗中獲得成功，這才能稱為是一個銷售菁英。

銷售菁英一定要懂心理學

銷售是一場心理戰，是銷售人員與客戶之間心與心的較量。每個客戶都有著自己的想法和決定，如何才能打開客戶的心門，不是僅靠幾句簡單的陳述就能夠實現的。銷售人員要學會洞察客戶的心理，了解客戶的願望，還要掌握靈活的心理應對方式，以達到銷售的目的。如果你想成為一名銷售菁英，提升銷售的技巧，贏得客戶的青睞，就從懂點心理學開始吧！

了解不同年齡層顧客的購買需求

不同年齡的顧客，在購物過程中會表現出不同的心理差異。銷售人員必須了解不同年齡的顧客在購買過程中的心理特徵，從而使自己的服務更能迎合顧客的需求心理。

4. 少年兒童的購買心理：如何向少年兒童提供他們所喜愛的商品和服務已經成為商家最重要的任務之一。

   目前一般家庭比較注重少年兒童的理財能力及社會實踐培養，常常有少年兒童代替家長購物，也有部分家庭讓少年兒童根據自己的喜好來購買商品。

   消費心理特徵：

   A. 購買目標明確，購買迅速。少年兒童購買商品多由父母事前確定，決策的自主權十分有限，因此，購買目標一般比較明確。加上少年兒童缺少商品知識和購買經驗，識別、挑選商品的能力不強，所以，對營業員推薦的商品較少異議，購買比較迅速。

   B. 少年兒童更容易受到參照團體（reference group）的影響。學齡前和學齡初期的兒童的購買需求往往是感覺型、感情性的，非常容易被誘導。在團體活動中，兒童會相互比較，如「誰的玩具更好玩」、「誰有什麼款式的運動鞋」等，並由此產生購買需求，要求家長為其購買同類同一品牌同一款式的商品。

   C. 選購商品具有較強的好奇心。少年兒童的心理活動水準處於較低的階段，雖然已能進行簡單的邏輯思考，但仍以直觀、具體的形象思考為主，對商品的注意和興趣一般是由商品的外觀刺激引起的。因此，在選購商品時，有時不是以是否需要為出發點，而是取決於商品是否具有新奇、獨特的吸引力。

D. 購買商品具有依賴性。由於少年兒童沒有獨立的經濟能力和購買能力，幾乎由父母包辦他們的購買行為，所以，在購買商品時具有較強的依賴性。父母不但代替少年兒童進行購買行為，而且經常地將個人的偏好投入購買決策中，忽略兒童本身的好惡。

總結：認真對待兒童，讚美青少年，他的父母會對你更有好感。

5. 青壯年消費心理：青壯年在整體顧客群中占一定的比例，消費能力也正在提升。

表現在：

A. 追求時尚和新穎。年輕人的特點是熱情奔放、思維活躍、富於幻想、喜歡冒險，這些特點反映在消費心理上，就是追求時尚和新穎，喜歡購買一些新的產品，嘗試新的生活。在他們的帶領下，消費時尚也就會逐漸形成。

B. 表現自我和展現個性。這一時期，青壯年的自我意識日益加強，強烈地追求獨立自主，在做任何事情時，都力圖表現出自我個性。這一心理特徵反映在消費行為上，就是喜歡購買一些具有特色的商品，而且這些商品最好是能展現自己的個性特徵，對那些一般化、不能表現自我個性的商品，他們一般都不屑一顧。

C. 容易衝動，注重情感。由於人生閱歷並不豐富，青壯年對事物的分析判斷能力還沒有完全成熟，他們的想法感情、興趣愛好、個性特徵還不完全穩定，因此在處理事情時，往往容易感情用事，甚至產生衝動行為。他們的這種心理特徵表現在消費行為上，那就是容易產生衝動性購買，在選擇商品時，感情因素占了主導地位，往往以能否滿足自己的情感願望來決定對商品的好惡，只要自己喜歡的東西，一定會想方設法，迅速做出購買決策。

D. 對策：

a. 力求創新、新穎
b. 強調名牌、精品
c. 突出個性化表現
d. 攻心為上

總結：為迎合年輕人的追求和認知，採取「攻心為上」的策略。

6. 中年人消費心理：這類顧客的心理已經相當成熟，個性表現比較穩定，他們不再像青壯年那樣愛衝動，愛感情用事，而是能夠有條不紊、理智分析處理問題。中年人的這一心理特徵在他們的購買行為中也有同樣的表現。

A. 購買的理智性勝於衝動性。隨著年齡的增長，年輕時的衝動情緒漸漸趨於平穩，理智逐漸支配行動。中年人的這一心理特徵表現在購買決策心理和行動中，使得他們在選購商品時，很少受商品的外觀因素影響，而比較注重商品的內在品質和性能，往往經過分析、比較以後，才做出購買決定，盡量使自己的購買行為合理、正確、可行，很少有衝動、隨意購買的行為。

B. 購買的計畫性多於盲目性。中年人雖然掌握著家庭中大部分收入和積蓄，但由於他們上要贍養父母，下要養育子女，肩上的擔子非常沉重。他們中的多數人懂得量入為出的消費原則，開支很少有像年輕人那樣隨隨便便、無牽無掛、盲目購買。因此，中年人在購買商品前常常對商品的品牌、價位、性能要求乃至購買的時間、地點都妥善安排，做到心中有數，對不需要和不合適的商品他們絕不購買，很少有計畫外開支和即興購買。

C. 購買求實用，節儉心理較強。中年人不再像年輕人那樣追求時尚，生活的重擔、經濟收入的壓力使他們越來越實際，買一款實在的商品成為多數中年人的購買決策心理和行為。因此，中年人更多的是關注商品的價格是否合理，使用是否方便，是否經濟耐用、省時省力，能夠切實減輕家務負擔。當然，中年人也會被新產品所吸引，但他們更多的是關心新產品是否比同類舊產品更具實用性。商品的實際效用、合適的價格與較好的外觀的統一，是引起中年消費者購買的動因。

D. 購買有主見，不受外界影響。由於中年人的購買行為具有理智性和計畫性的心理特徵，使得他們做事大多很有主見。他們經驗豐富，對商品的鑑別能力很強，大多願意挑選自己所喜歡的商品，對於營業員的推薦與介紹有一定的判斷和分析能力，對於廣告一類的宣傳也有很強的評判能力，受廣告這類宣傳手法的影響較小。

E. 購買隨俗求穩，注重商品的便利。中年人不像年輕人那樣完全根據個人愛好進行購買，不再追求豐富多彩的個人生活用品，需求逐漸穩定。他們更關心別的顧客對該商品的看法，寧可壓抑個人愛好而表現得隨俗，喜歡買一款大眾化的、易於被接受的商品，盡量不使人感到自己追求新奇和不夠穩重。由於中年人的工作、生活負擔較重，工作勞累以後，希望減輕家務負擔，故而十分喜歡具有便利性的商品。如減輕勞務的自動化耐用商品，冷凍食品、即食品等等，這些商品往往能被中年顧客認識並促成購買行為。

7. 老年人的消費心理：大多數老年人都是為自己的兒女買房裝修，他們的購買行為存在很多的心理動機，如何掌握老年人的心理特徵是銷售的重要細節。以下舉購買燈具為例：

老年人特定需求心理：

A. 求實心理：商品必須具備實際的使用價值，講究實用。

B. 求利心理：「少花錢多辦事」的心理動機。往往要對同類燈具之間的價格差異進行仔細的比較，經濟實惠者，必先購為快。

C. 自尊心理：他們在購買之前，就希望他的購買行為受到銷售人員的歡迎和熱情友好的接待。

D. 疑慮心理：對商品品質、性能、功效持懷疑態度，怕上當受騙，滿腦子疑慮，非常關心售後服務工作。

E. 安全心理：關心使用年限，是否漏電，是否安全，節能等問題。對策：

a. 突出實惠、實用、環保、省電等產品特點。

b. 展現尊重，使顧客有歸屬感、認同感。

c. 細心開導，解決疑慮。

d. 滿足安全、健康，環保節能等細節。

e. 給予誠信、可靠、熱情。

總結：讓老年人顧客充分感受到你的真誠和關愛。

掌握中老年顧客心理，以顧客需求為導向，替顧客出謀劃策，讓其感到有利可圖，並對你產生一定的信任感。當顧客有了購買欲望時，根據其發出的購買訊號，準確把握時機建議成交。當然，一旦買賣做成，就開始敷衍顧客，這會讓顧客失去安全感，要讓顧客記住你的情意，因此臨別時不妨感謝幾句，但不要太過分，使人感覺親切就可以了。一定要善始善終，絲絲人情會為你編織一張銷售網路，從而使你的銷售額成倍增加。

成功銷售，攻心為上

在實際銷售當中，每一個銷售員都會希望此次銷售成功。那麼，你銷售成功的關鍵就是要打探出顧客的心理需求，在此之前，銷售員與顧客交流時，你必須掌握住顧客的心理。

1. 戒備期：這一時期是銷售人員最難突破的一個階段，並且要面臨重重的猜測和懷疑。典型問句：「你們有廠商手冊嗎？齊全嗎？有帶在身上嗎？」如果帶著的話，當你拿出來給他看，他們要嘛看得仔細到恨不得放在顯微鏡下，要嘛就根本不看，總之態度讓人感到十分不舒服。突破這一時期的要訣：換位思考。假如你是顧客，一定也會首先考慮產品的真偽、品質等，所以被懷疑很正常。此時，只要銷售員耐心的全力配合顧客，並且細心回應顧客，就能順利過關。
2. 拒絕期：這一時期同樣極大的挑戰銷售人員的心理承受力，因為此時顧客們雖然不再懷疑廠商的真假，但是開始進入第二個懷疑階段：產品品質懷疑期，尤其對於大多數不知名的中小廠商，這點表現的尤為明顯。此階段的典型句子：「類似的產品我們都有，不缺。」「我們有某某大廠的，顧客們都認大廠的。」「以後再說吧，這次不訂了。」等等類似的逐客令，並且態度冷漠，甚至於讓人心寒。度過這一階段的要訣：比較產品，以及引導、啟發顧客思考。比如價位和利潤空間，「的確，我們不是大廠，但是大廠商的產品價格高，利潤空間不大，因此在品質差別不大，而利潤較高的情況下，難道您還不想嘗試嗎？」「現在國家把關嚴格，企業生產的產品品質差別越來越小，在效果上幾乎沒有差異，這點您肯定比我更加清楚，因此我覺得您應該嘗試一下我們的產品。」這一階段約需十分鐘左右。充滿自信的一番耐心引導之後，大部分顧客必然進入第三個階段：那就是心理嘗試期。

3. 嘗試期：這一時期充滿了希望和曙光，已經進入初秋了，收穫在即。所以這時顧客內心動搖，開始諮詢或者關注產品了。此時的典型問句和動作一定要仔細掌握。典型問句：「你們廠商準備在這邊做多長時間？」「這個產品效果怎樣？」「這個產品多少粒？幾天量？」而典型行為：主動拉近與你的距離，目光開始向一個角度凝聚，在你回答他的問題時，他會看你的眼神等等。此時對策：沉著冷靜，語言準確果斷，眼神更要自信。比如針對在這邊做多長時間的提問，就要堅定的回答：「我們在這邊要長期做下去！放心，售後服務和維護我們一定做到好，有什麼問題我們一定會第一時間和您溝通！」關於產品的效果，最好用真實的例子作答，並且要注意不要與顧客離得太遠，最好能是生活化的例子。這樣會進一步增強顧客訂貨的信心。接下來就是接納期了。
4. 接納期：心理接納期又稱為訂貨期。此時顧客的典型回答：「先訂一點試試，好的話再繼續訂。」「以後如果想訂貨，我們怎麼找你們？」此時雖然心門打開，但是他們還是不想主動訂太多。這時我們仍舊要進一步給他們信心：「以後我們的貨就在你們當地的某公司倉庫，每當他們打電話給你時，你隨時可以訂貨。」「我建議您這個產品可以多訂一點。您放心，我們會定期打電話給您，即使您賣不好，我們可以隨時調貨的！」這個階段需要銷售員幫顧客下定決心，促使其購買產品。

利用情感效應去銷售

銷售心理學中，涉及了「情感」的心理價值，其效應叫做「情感效應」，即：在與人交往過程中，用情打動對方更加能夠讓對方折服或是讓對方成為知己，某些時候情感比利益更加容易打動人。「情感」這種因素是不可見的、無形的價值，附著在一個產品或服務上，使產品或服務從客戶的角度看起來和感覺起來更有價值。

有的時候，銷售員向客戶保證自己的產品或服務是以市場最低價銷售的，藉以說服客戶購買，但是客戶往往更關心這家公司的聲譽如何。客戶寧願購買知名度更高的產品，即使多花點錢也不在乎。這是因為隱藏在那些知名品牌背後的情感因素征服了客戶。對於客戶來說，同樣產品，很多地方都有，這裡不合適，可以到別的地方去買；這裡的銷售員服務不周到，可以選擇到服務好的地方去。而那些名牌店的產品品質和服務往往是比較好的。可以說是它的情感因素擄獲了客戶的心，從而使得他的品牌得以推廣。可見，情感的征服力有多大！

唐朝大詩人白居易說過：「感人心者，莫先乎情」，人非草木，孰能無情？因而，人在特定的條件下，產生的不同情緒會誘發和左右不同行為。在銷售活動中，那些精明的銷售員總是想方設法激發客戶的情感，以情感俘獲客戶的心。

不成功的銷售各有各的原因，而成功的銷售只有一個原因：它找到了進入客戶情感需求的捷徑與切入點，有效滿足了客戶的情感需求。它著眼於情感，著眼於「發現和滿足客戶的需要」，從心理需求、情感欲望上，促使客戶為自己找到了最好的購買理由。客戶在沒有被激發出強烈的購買欲望時，不會主動購買，而當他有這種欲望的時候，他不僅會購買，還會試圖為本次購買做出辯護。客戶的購買受欲望的驅使，而非完全根據邏輯推理去判斷是否應該購買。成功銷售的作用在於成功與客戶情感對話，將客戶的「我需要」變為「我想要」。適當的情感切入點，將會大大縮短銷售面談所花費的時間、精力，降低面談難度，提升成交率。

得人心者得天下，贏客心者贏市場。只有遵循「情感定律」，銷售員才能牢牢抓住客戶內心，讓自己永遠立於不敗之地。

分析顧客拒絕的心理因素

面對各式各樣的顧客，銷售人員必須擁有與其相適應的戰術，這是成功的關鍵。然而，洞察顧客的心理又是成功的首要前提，否則一切無從談起。銷售人員應具體分析造成顧客拒絕商品的心理因素，並且指出相應的解決辦法。

1. 我沒有錢

   此時，顧客心理動機無非有這麼幾點：價格太高，他想獲得更多的優惠；他現在確實手頭很緊，沒有那麼多的錢；對介紹的產品不感興趣，不想購買；他想試著藉此種說法殺價；過去不常花大錢，現在突然花這麼多的錢，一點都不值得。

   化解方法：是，100 萬是沒有，不過這一點錢還能難倒妳？沒有錢買大的禮盒，限定套組也可以呀！錢不是省出來的，女人不能因為沒有錢就不去美容對吧！要不然要老公幹嘛？很多女性都說，自己沒有錢，為家為老公省著，省到最後，錢是省出來了，可是老公卻拿著錢去找小三；您看您的衣服，多好啊，都不是一般人穿得起的，還說沒錢，我才不信呢！

遇此類型的顧客首先要弄清顧客的動機是什麼？然後可以採用幽默風趣的方式來化解顧客的疑慮，比如幽默的向顧客說「像您這樣有身分有品味的女士，還會在乎這點錢嗎？」還可以使用暗示的方式勸顧客自己就算不花錢，老公也會花的，而且花的地方還讓妳沒有安全感，並舉例說明即可。一般透過這兩種手法很輕鬆就可以提升顧客購買產品的意願和下定決心購買產品。

2. 產品太貴了

顧客心理動機也許有以下幾個：他想獲得優惠，而表現出想讓銷售人員降價的意願；產品的包裝形象看上去不值那麼多的錢；他很想買，可是價格太高了，負擔不了；他只是來看看，並不想購買，嫌價格高就是為了能脫身。

化解方法：我們的產品就是針對一般上班族及成功人士研發的；我們的服務到位、環境好。其他地方雖然價格便宜，但是服務、環境、品質……唉我如果有錢的話，絕對不敢去；是的，剛接觸這個品牌的時候，我也覺得貴，可是看著使用過的顧客一個個臉上滿意的笑容，我就覺得產品不是貴不貴的問題，而是能不能幫助顧客解決問題，你說對吧？您和什麼樣的產品相比較？那您想要什麼樣價位的產品？高級的？還是一般的？

當顧客提出這樣的拒絕時，首先要注意顧客的表情，如果表現出驚異的表情則說明顧客接受不了這樣的價格，如果面部表情沒有太大的變化而說產品價格太貴了，則說明顧客可以接受這樣的價格，目的是想讓價格降得更低，使自己獲得更多的優惠。如果顧客說價格太貴，而又沒有下文，則表明顧客沒有購買產品的欲望。具體的回應應根據實際情況而定。

3. 價格太高了

顧客心理動機可能有以下幾個方面：他想獲得更多的優惠；產品價格太高了，得便宜些！這個產品的價格與產品本身不等值;他就是隨便看看，想推辭價格高來脫身。

化解方法:只是因為價格嗎？除了價格還有其他的嗎？小姐，一分價錢，一分貨，像您這麼有身分，有地位的成功女性，當然要選擇適合您身分的產品對嗎？太便宜的怎麼拿出手啊！再說了，便宜沒好貨您說對吧？同樣價錢，我們的品質是最好的！化妝品便宜的都是含鉛汞對身體有害的，您敢用嗎？我們的是純天然的。

說服顧客的最好辦法就是首先和顧客的聲音、聲調、肢體語言和面部表情相配合，使顧客感到親切感，從而拉近顧客的距離，然後再探知顧客心理，具體方法可採用上堆和下切的溝通方法了解顧客的真正意圖，明確顧客意圖後可對應上述話語化解顧客消費疑慮。

4. 我沒有時間

顧客心理動機大多是因為：他很想做美容，可是真的很忙沒有時間；他對你介紹的產品不感興趣！他在這裡做不做都無所謂；你的產品價格有點高，便宜點或許他會考慮在這裡做美容。

化解方法：只是因為沒有時間嗎？時間不還是人安排出來的嘛！之所以沒有時間是因為您從來都沒有計劃過對嗎？真的一點時間都沒有嗎？看來您還是很在乎美容的，只是因為沒有時間才不做是吧？（是的）嗯，假如說有時間的話您一定會做，對嗎？（是的）為了您的美麗和健康，那讓我們為您計劃一下時間吧！（接著可以將顧客的一天的工作安排情況列出來，按重要、緊急、不重要、緊急、重要、不緊急排列）；小姐，凡是愛美、有身分、有地位的女士每週一定會最少抽出 45 分鐘來做美容的；很多顧客剛開始的時候都說沒有時間，可是嘗試做過幾次後，發現在美容院做美容，能變漂亮不說，還能放鬆身體，並且工作的時候特別有精神，好幾個顧客因為在美容院做美容還升遷了呢！

遇到此類問題，首先採用上堆和下切平行的溝通方式弄清顧客的真正意圖，然後再採用引導的方式改變顧客的價值觀，使顧客明白：想獲得美麗與健康，就必須付出時間。

引發顧客的好奇心

好奇心是促使人進一步探求事物的動力。好奇心引起人對事物的興趣，並形成積極探究某種事物的欲望。引起人的好奇心就能對人產生吸引力。

誘發好奇心的方法是在見面之初直接向潛在買主說明情況或提出問題，故意講一些能夠激發他們好奇心的話，將他們的想法引導到你可能為他提供的好處上。

某大百貨公司老闆曾多次拒絕接見一位服飾銷售員，原因是該公司多年來販售另一家廠商的服飾品，老闆認為沒有理由改變這固有的商業關係。後來這位服飾銷售員在一次銷售訪問時，首先遞給老闆一張便條紙，上面寫著：「你能否給我十分鐘就一個經營問題提一點建議？」這張便條紙引起了老闆的好奇心，銷售員被請進門來。他拿出一種新式領帶給老闆看，並要求老闆為這種產品報一個公道的價格。老闆仔細地檢查了每一件產品，然後作出了認真的答覆。銷售人員也進行了一番講解。眼看十分鐘時間快到，銷售員拎起皮包要走。然而老闆要求再看看那些領帶，並且按照銷售員自己所報的價格訂購了一大批貨，這個價格略低於老闆本人所報價格。

可見，那些顧客不熟悉、不了解、不知道或與眾不同的東西，往往會引起人們的注意，銷售人員可以利用人人皆有的好奇心來引起顧客的注意。

一位銷售人員對顧客說:「李先生，您知道世界上最懶的東西是什麼嗎？」顧客感到迷惑，但也很好奇。這位銷售人員就能繼續說，「就是您藏起來不用的錢。它們本來可以購買我們的空調，讓您度過一個涼爽的夏天。」

某地毯銷售人員對顧客說:「每天只花15元就可以使您的臥室鋪上地毯。」顧客對此感到驚奇，銷售人員接著講道：「您臥室 36.5 坪，我廠地毯價格每坪為 750 元，這樣需 27,375 元。我廠地毯可鋪用 5 年，每年 365 天，這樣平均每天的花費只有 15 元。」

銷售人員製造神祕氣氛，引起對方的好奇，然後，在解答疑問時，很技巧地把產品介紹給顧客。

國外曾經發生過這樣一件事：有一家生產「皇冠牌」香菸的企業想將自己的產品打入某海灣旅遊勝地。產品品質雖然不錯，但由於是新牌子，即使打了不少廣告，銷路仍毫無起色。

銷售員哈里斯十分苦惱，有一次抽著菸就上了公車。當售票員提醒他時，他忙熄滅香菸表示道歉，這時他看了禁止吸菸的告示，靈機一動想出了辦法。於是，他到處張貼「禁止吸菸」的傳單。在「禁止吸菸」大字標語下，寫下一行不引人注目的小字:「皇冠牌也不例外」。看到傳單的人就會想:「為什麼不例外呢？」這則宣傳標語極大地引起了人們的好奇心，結果促成了購買「皇冠牌」香菸的熱潮。

以上的實例說明，能引起對方的好奇心，進一步就能實現相互接近的目的，因而引發對方的好奇心也是銷售的重要手法。

引發好奇心也不是故弄玄虛，還是要與對方的需要聯繫起來，觸及對方真正在乎的事。例如告訴對方說：「您親自看一看就會知道，這一定會是您送給女朋友最好的禮物。」或者借助權威者態度打動對方，如：「這種產品在國外展覽時，甚至驚動了某國總統。」或者告訴對方都有哪些名人買了這種產品，對方也一定會喜歡。

能使對方產生好奇心，總是要引起對方的興趣，同時又要保留對方未知的內容，這才能促使對方進一步行動，想弄清楚不明白的問題。

雖然利用好奇心的方法可以很好的促使銷售成功，但值得注意的是當誘發好奇心的方法變得近乎耍花招時，用這種方法往往很少獲益，而且一旦顧客發現自己上了當，你的計畫就會全部落空。

適當對顧客施加壓力

在銷售過程中，當銷售人員面對顧客的異議（無論是藉口還是真實的拒絕)，毫無作為時，顧客感受不到任何壓力就可以輕易逃脫，從而降低了銷售成功的概率。如果銷售人員適當的給顧客施加壓力，就可以使銷售由被動變主動，壓力不可以太大也不可以太小，大了讓顧客討厭，小了沒有任何作用。

對顧客施加壓力並不是強迫顧客來買你的商品，而是運用一種心理戰術，使顧客無形中感到一種壓力，這種壓力是他們自己產生的，他們感覺不出這是由於銷售人員而造成。

銷售人員在進行商品銷售時，要想方設法先使顧客感到慌張，自亂陣腳。然後再開始你的銷售，這就是本法的基本內容。

當然，銷售人員應該具有高度的說服力，要使你的話深得人心，能引起他們的共鳴。使用這種推銷法，事前必須小心，做好充足的準備。在洽談的過程當中，恰到好處地改變當時的氣氛，如果說中間有一步弄錯，則會滿盤皆輸，生意泡湯。這種方法，對那種說服力極強，應變能力好的銷售人員很適用。因為此法要求銷售人員說話要有感染力，對於環境有極強的控制能力並能靈活地加以變換。下面是應用此法的一些語言技巧，涉及各個方面，請看：

1. 「這麼昂貴、豪華的衣服，我覺得不適合你工作的環境，看看便宜一點的吧，也許會更適合你的需求。」
2. 「這件商品的價值，如果按天計算，每天只需要三四十塊，而每天哪地方不能省三四十塊。讓您孩子少吃一點那種不利於健康的食品，把節省的錢用在這件有意義的商品上多划算！」
3. 「我認為您應該再仔細考慮，而不必去麻煩我們上司，他的業務非常繁忙，您不需要去打擾他。您自己仔細想一想就可以理解，像您這麼年輕的客人，經濟能力恐怕難以負擔這一類型的商品。您考慮周全之後再來怎麼樣？」
4. 「若我沒記錯的話，您在結婚時，曾經在我們公司為您妻子訂購了兩件商品，現在，聽說您妻子已經不太喜歡了，不知是不是這麼回事？」
5. 「如果您認為從我們公司進貨，比從別的地方進貨，能賺到更多錢，那麼，您可以先拿出 ×× 錢，來資助我們公司進行更大規模的建設。」

運用此種推銷方法，在進行過程之中應該注意如下兩點：

1. 掌握自己說話的口氣，連續不斷提出問題，一直到顧客對談論的問題有所表示。
2. 特殊情況下，應首先解決談論的問題的焦點，。

抓住顧客的期待心理

對一個優秀的銷售人員來說，能夠最先掌握顧客的購買期待心理是十分重要的。

假設你想買一部嬰兒車而去逛百貨公司的嬰兒用品部門，這時候，每個專櫃的銷售人員都會極力推銷他們的產品。

「這是攜帶用的嬰兒車，設計輕巧，攜帶起來十分方便。」

「這是全自動型的嬰兒車，可以折成袋狀。」

「這種車的車篷是由四個骨架做成的，十分堅固耐用。」

「這輛車的彈簧性能好，可以減少震動。」

「這種娃娃車折疊方式最簡單。」

假如你家附近正在進行一項道路工程，而且你也考慮到不希望嬰兒受到過度震動，這時候，你一定會對「減少震動」這句話留下深刻的印象。或者，你正在為放置的地方而煩惱，那麼，你一聽到「折疊方式最簡單」時，說不定會立即買下來，而根本沒有將其他銷售人員的話聽進去。

這就是心理學上所謂的「期待」現象。換言之，知覺或記憶往往會因為人們內心的期待而受到影響。以下介紹的是一項相當有趣的實驗。

首先以非常微弱且瞬間出現的光線讓受試者觀看數張由視速儀所照出來的撲克牌。如此一來，受試者會形成「只會出現撲克牌」的期待心理。但接下來，在受試者毫無心理準備的情況下，突然出現一張奇怪的卡片，比方是一張類似撲克牌的別張卡片，最初之時，受試者並沒有表現出驚訝、憤怒等激烈的反應。這便是因為已經形成的出現撲克牌的期待心理限制了受試者的知覺，當一個不是「期待」中的東西出現在他們眼前時，受試者一時之間無法發現其中的差異。

當這種「期待」心理形成購買動機之時，就將其稱為「購買的理由」。銷售人員只有盡早試探出對方的期待心理，並積極地採取攻勢，才能成功的銷售商品。倘若方向不正確，不僅讓對方感到不耐煩，也會使其喪失對你的信任感。

掌握客戶的「權威效應」心理

在美國某大學心理系的一堂課上，一位教授向學生們介紹了一位新來賓—「施米特博士」，並說他是世界聞名的化學家。施米特博士從皮包中拿出一個裝著液體的玻璃瓶，說：「這是我正在研究的一種物質，它的揮發性相當強，當我拔出瓶塞，它馬上會揮發出來。但它完全無害，氣味也沒什麼刺激性。當你們聞到氣味，就請立刻舉手。」

說完話，博士拿出一個碼錶，並拔開瓶塞。一會工夫，只見學生們從第一排到最後一排都依次舉起了手。但是隨後，心理學教授告訴學生們：施米特博士只是本校的一位化學老師喬裝扮成的，而那種物質只不過是蒸餾水。

這個實驗中，人們寧可相信權威的「施米特博士」也不願意相信自己的鼻子，是多麼荒唐啊！同時這也驗證了權威對我們的影響力要超出常人。一個人如果地位高，有威信，受人敬重，那他所說的話及所做的事就容易引起別人重視。

「權威效應」可以說是一種普遍的心理現象。這種心理之所以廣泛存在，是由人們有「追求安全心理」，即人們總認為權威人物往往是正確的楷模，服從他會使自己具備安全感，增加不會出錯的「安全係數」。在銷售員進行銷售時，「權威效應」同樣奏效。

比如鞋店老闆收到最多的投訴是顧客總抱怨左腳的鞋不好穿或者覺得兩隻鞋子大小不一樣。投訴是商業買賣中司空見慣的現象。面對這種情況，如果不處理好顧客的抱怨，最終會導致顧客要求替換一雙新的鞋子或者顧客直接退貨。如果長此以往，難免因虧損而破產。這種時候，店老闆只要以權威的口吻安慰客戶說：「我們賣鞋子的都知道，一般來說，人的左腳總是要比右腳大一些。」這樣一來，顧客也許會比較能接受。

這種專業化的建議和勸說，採取的是利用「權威效應」對顧客進行暗示的心理謀略。此方法非常有效。客戶對自己沒有把握的產品，如果行家斷言是正確的，那麼客戶便會對該產品的品質和信譽深信不疑。因此，商店在面對顧客投訴的時候，與其讓普通店員去處理，不如老闆親自接待，效果會更好一些。

在現實生活中，人們往往喜歡購買各種名牌產品，因為它有明星的代言，有權威機構的認證，有社會的廣泛認同，這樣可以給人們帶來很大的安全感；還有人們在購買參考書和試題時，也是選擇有名的出版社，著名的教授學者撰寫或推薦的，他們認為從權威這裡可以獲得更多的益處。這都是在銷售過程中，權威效應達到的巨大影響力。因此，如果銷售員能夠巧妙地運用權威引導力，則能對銷售發揮很大的促進作用。

含蘊開了一個名牌絨毛玩具批發商鋪，第一天開張，只有一個客戶光顧。含蘊向客戶詳細地介紹了商品，在客戶詢問時，也回答得非常有條理。可這個客戶看她這裡是剛開張，因此，對她所批發的商品還是有很多顧慮，並不完全相信含蘊的話。

為了得到客戶的信任，含蘊拿出了產品的品牌認證證書、品質認證證書，並且告訴他，這家玩具品牌有專門的寶寶模特兒在知名電視臺打廣告，以及這種品牌的玩具得到很多權威專家的推薦……

一套攻勢下來，客戶的疑惑消失了。他想，有那麼多權威人士推薦呢，那麼多人認可，不會有錯的。我銷售這種品牌的絨毛玩具，說不定以後還能大賺一筆呢！最終他放心地從店鋪批了貨。

銷售員恰當地運用「權威效應」，便能夠消除客戶的一些顧慮，改變客戶的一些想法，使客戶更加確定買你的產品是正確的。這是個非常有效的方法。

站在客戶的角度思考問題

一位專門負責推銷裝幀圖案的銷售人員，在向某家公司推銷時，每次這家公司的主管人員總是先看看草圖，然後充滿遺憾地告訴他：「你的圖案缺乏創新，我們不能用。」

一個偶然的機會，這位銷售人員讀到了一本如何影響他人行為的心理學方面的書籍，深受啟迪。於是，他帶著一些未完成的草圖，再次找到那位公司主管說：「我這裡有一些未完成的草圖，希望您能從百忙中抽空指點，以便讓我們能根據您的意見把這些裝幀圖案修改完成。」這位主管人員答應看一看。

幾天以後，這位銷售人員又去見那位主管人員，並根據他的意見，把裝幀圖案修改完成，最後，這批裝幀圖案全部推銷給了這家公司。自此之後，他又用同樣的方法順利而成功地推銷出許多裝幀圖案，並因此而獲得了豐厚的報酬。

這位銷售人員在談到成功經驗時說：「我以前一直無法成功是因為我強迫別人順應自己的想法，現在不同了，我請他們提供意見，這樣，他們就覺得自己參與了設計，即使我不去推銷，他們也會來買的。」

如果你要想使人信服，你就應該記住：要換位思考，別將自己的意見強加於人。沒有人喜歡被迫行事。換一個角度，如果你想贏得他人的合作，就要先讓對方出於自願。

你要想把自己的意見或想法強加給別人並讓其去接受，是很費力的做法，與其這樣，不如提出有效的建議，然後讓別人去想結論，那樣不是更聰明嗎？這就是換位思考在銷售工作中的應用。

有一個年輕人去買機車。銷售人員帶著這個年輕人看過一輛又一輛的機車，但是這個年輕人總是不滿意。這樣不合適，那樣不好用，價格又太高，在這種情況下，銷售員無計可施了，他就去向有經驗的銷售人員求助。

經驗豐富的銷售員告訴他，此時最好停止向那個年輕人推銷，而讓他自己選擇。不必告訴那個年輕人怎麼做，為什麼不讓他告訴你怎麼做？讓他覺得出主意的人是他自己。這個建議聽起來非常不錯。於是，幾天之後，當有另一位顧客希望能以他的舊機車換購一輛新車時，這位銷售人員就開始嘗試這個新的方法。據他了解，這輛舊的機車對那個年輕人可能很有吸引力。因此，他打電話給那個年輕人，問他能不能過來看一下，提供一點意見。那個年輕人來了之後，銷售人員對他說：「你是個很聰明的買主，你懂得機車的價值。能否請你看看這輛機車，試試它的性能，然後告訴我這輛機車應該出價多少才合理？」那個年輕人的臉上露出滿意的笑容。

終於有人來向他請教了，他的能力已經受到賞識。他騎了一會機車就回來了。「假如你能以 50,000 元買下這部機車，」他建議說，「那要再賣出去並不難！」

「假如我願意以這個價格把他賣出去，你是否願意買他？」這位銷售員問道。50,000 元？當然，因為這是那位年輕人的主意，也是他估的價。這筆生意立即成交了。

讓別人覺得辦法是他自己想出來的，運用在銷售上的確是一個屢試不爽的方法。換位思考，就是要避免以己度人，改變他人而不致傷感情或引起憎恨。無論是誰，如果你想說服他人，你想影響他人接受你的思考方式，你就要換位思考。

有一家賣家用電器的銷售部經理發現公司的銷售人員做事時沒有精神，態度散漫。於是他召開了一次業務會議，鼓勵下屬說出他們對公司的期望。

他把大家的意見寫在黑板上，然後說道：「我當然可以給你們所希望得到的，可是你們得告訴我，我在你們身上，能獲得些什麼呢？」他很快有了滿意的答案，那是忠心、誠實、樂觀、進取、合作以及每天 8 小時的認真工作，甚至還有人願意每天工作 10 個小時。這次會議的結果，使員工們充滿了鬥志。至此，整個公司的銷售業績大幅成長，公司業績蒸蒸日上。

銷售部經理感慨地說：「這些人不過是與我做了一次道德交易。只要我實現自己的諾言，他們就會實現他們的諾言。我徵求他們的願望和期待，這一做法剛好滿足了他們的需求。」

的確，沒有人喜歡被人強迫去做一件事情。我們每個人都喜歡照自己的意願和想法去行動，我們喜歡別人徵詢我們的意見和需求。換位思考恰恰給了我們這樣的機會，讓我們能夠以另一個角度，站在他人的位置上思考。只有這樣，才能更好、更快、更有效的解決問題。

銷售菁英必知的銷售技巧

銷售技巧是銷售能力的展現，也是一種工作的技能。做好銷售工作，並非吃苦就可以，還要掌握銷售的技巧，增強自己的影響力。要知道，真正能為我們贏得訂單的不僅僅是我們的腳，我們的汗水，還要有頭腦和智慧。有人說，優秀者憑藉技巧贏得訂單，平庸者唯靠辛勞取得訂單。所以，如果你想要成為一名銷售菁英，就必須掌握一些銷售的技巧。

用顧客能理解的話語交流

在銷售過程中，用買主的語言和顧客交流，這樣才能抓住機會，把顧客牢牢地吸引住。

有一個採購員被受命為辦公大樓採購大批的辦公用品，結果在實際工作中碰到了一種過去從未想到的情況。首先使他大開眼界的是一個銷售智慧信箱的銷售人員。這個採購員向他介紹了他們每天可能收到的信件的大概數量，並對智慧信箱提出一些要求，這個銷售人員聽後臉上露出了才智不凡的神氣，考慮片刻，便認定這個採購員最需要他們的 CSI。

「什麼是 CSI ？」採購員問。

「怎麼？」他以凝滯的語調回答，內中還夾著幾分悲嘆，「這就是你們所需要的智慧信箱。」

「它是紙板做的、金屬做的，還是木頭做的？」採購員問。

「噢，如果你們想用金屬的，那就需要 FDX 了，也可以為每一個 FDX 配上兩個 NCO。」

「我們有些列印信件的信封會相當地長。」採購員說明。

「那樣的話，你們便需要用配有兩個 NCO 的 FDX 轉發普通信件，而用配有 RIP 的 PLI 轉發列印件。」

這時採購員稍稍按捺了一下心中的怒火，「先生，你的話我聽起來只覺十分荒唐。我要買的是辦公用品，不是字母。如果你說的是希臘語、亞美尼亞語或英語，我或許還能弄清楚你們產品的材料、規格、使用方法、容量、顏色和價格。」

「噢，」他開口說道，「我說的都是我們的產品序號。」

最後這個採購員運用律師盤問當事人的技巧，費了九牛二虎之力才慢慢從他嘴裡弄明白他的各種智慧信箱的規格、容量、材料、顏色和價格。

由此我們可以看出，如果一個銷售人員在銷售自己的產品時，所用的語言都是專業術語，不能讓顧客清楚地知道產品的特性及用途，那麼就很難成功的銷售自己的產品。

用顧客聽得懂的語言向顧客介紹產品，這是最簡單的常識。有一條基本原則對所有想吸引顧客的人都適用，那就是如果資訊的接收者不能理解該資訊的內容，那麼這個資訊便產生不了它預期的效果。銷售人員對產品和交易條件的介紹必須簡單明了，表達方式必須直截了當。表達不清楚，語言不明白。就可能會產生溝通障礙。此外，銷售人員還必須使用每個顧客所特有的語言和交談方式。跟青少年談話不同於跟成年人的交談；使專家感興趣的方式，不同於使外行們感興趣的方式。這裡有一個很好的例子可以說明使用適合顧客的語言多麼有效。

一對父子正在建設一座牧場，兒子管乳牛，父親做木匠，將賺來的錢投入牧場建設以擴大牛群，兩人都指望有朝一日能靠這座牧場養老送終。這父子倆都承認，如果在今後 10 年內父親發生什麼意外，全家就不可能達成此目標，因為現在牧場尚不能靠一個人支撐下去，還需要額外提供資金。可是，當銷售人員提到，為了替父親購買足額的人壽保險，以保證他萬一發生意外後他的保險金還能繼續向牧場提供必需的資金，把牛群擴大到可以盈利的規模，有必要每年交一筆保險費時，全家人都表示反對，說他們沒錢，辦不到。銷售人員馬上換了一種說法來爭取他們：「為了保證萬一你們的經濟支柱遇到不幸你們能繼續達到既定的目標，你們願意每年送那兩頭牛的牛奶給我嗎？只當你們沒有那兩頭牛好了。不管出什麼天大的事，它們的牛奶都可以保證你們在將來一定能建成能獲利的牧場。」結果，他做成了生意。

銷售人員在與不同的顧客談話時，都應當認真地選用適合於顧客的語言。然而，銷售人員常犯的錯誤就在於，過多地使用技術性用語、專有名詞向顧客介紹產品，使顧客如墜霧裡，不知所云。試問，如果顧客聽不懂你所說的意思是什麼，你能打動他嗎？

學會有效的提問技巧

銷售人員是靠嘴巴來賺錢的，凡是優秀的銷售人員都擁有一副伶牙俐齒，但「顧客不開口，神仙難下手」。我們的目的是讓顧客來主動講話和我們進行有效溝通，因此有效的提問就尤為重要。

銷售人員透過提問引發顧客興趣是個常用的方法。但如何提問，卻是有講究和技巧的。

銷售人員直接向顧客提出問題，只要是問題，都會引起客戶的興趣，引導客戶去思考，然後很順利轉入正式面談階段，這是一種非常有效的銷售方法。銷售人員往往首先提出一個問題，然後根據客戶的實際反應再提出其他問題，步步進逼，接近對方。當然，銷售人員也可以開頭就提出一連串問題，使對方無法迴避。下面是問題接近法的一些應用實例：

「您想過十五年後您在做什麼嗎？」這個問題可能引起一場銷售人員與客戶之間關於退休計畫的討論。

「您的生意規模近幾年發展得很快，您是否思考過，使用自動化生產設備對您目前生意狀況的影響呢？」這個問題引起一家發展中的製造公司總裁提出新問題：「我不確定，也許會更加便利？」接下來當然就是正式的銷售面談了。

某公司銷售人員對客戶說：「只要您回答兩個問題，我就知道我的產品能否幫助您包裝您的產品。」這實際上也是一個問題，並且常常誘導出這樣的回答：「好吧，您有什麼問題？」

美國一位女銷售人員總是從容不迫，平心靜氣地提出三個問題：「如果我送您一套有關個人效率的書籍，您打開書發現十分有趣，您會讀一讀嗎？」

「如果您讀了之後非常喜歡這套書，您會買下嗎？」「如果您沒有發現其中的樂趣，您把書重新塞進這個包裡寄回給我，願意嗎？」這位女銷售人員的開場白簡單明了，使客戶幾乎找不到說「不」的理由。後來這三個問題被該公司的全體銷售人員所採用，成為標準的銷售開場。

美國一位口香糖銷售人員遭到客戶拒絕時就提出一個問題：「您聽說過某公司（遠近聞名的大公司）嗎？」零售商和批發商都會說：「當然，每個人都知道！」銷售人員接著又說：「他們有一條固定的規則，該公司採購人員必須給每一位來訪的銷售人員一個小時以內的談話時間，您知道嗎？他們是怕錯過好東西。我想貴公司一定有一套比他們更好的採購制度，有足夠的好東西了是吧？」

某自動販賣機製造公司指示某銷售人員出門攜帶一塊 0.6 公尺寬 0.9 公尺長的厚紙板，見到客戶就打開鋪在地面或櫃檯上，紙上寫著：「如果我能夠告訴您怎樣使這塊地方每年收入 250 萬新臺幣，您會不會有興趣呢？」

當然，這些問題必須精心構思，注意措辭。事實上，有許多銷售人員養成了一些懶散的壞習慣，遇事不進行思考，不管接近什麼人，開口就是：「生意好嗎？」有位採購員研究銷售人員第一次接近客戶時所說的話，做了這樣一個紀錄，在一天裡來訪的 14 名所謂的銷售人員中，就有 12 位是這樣開始談話的：「近來生意還好吧？」這是多麼平淡、乏味的問題。

顧客即便不覺得煩，也不會表現出興趣。

因此，有效的提問，從而引發顧客的興趣，是十分重要的。

下面的內容總結和歸納了一些方式。

1. 洽談時用肯定句提問

在開始洽談時用肯定的語氣提出一個令顧客感到驚訝的問題，是引起顧客注意和興趣的可靠辦法。如：「你已經……嗎？」「你有……嗎？」

或是把你的主要想法先說出來，在這句話的末尾用提問的方式將其傳遞給顧客。「現在很多先進的公司都建立自己的區域網路了，不是嗎？」這樣，只要你運用得當，說的話符合事實而又與顧客的看法一致，會引導顧客說出一連串的「是」，直至成交。

詢問顧客時要從一般性的事情開始，然後再慢慢深入下去。

向顧客提問時，雖然沒有一個固定的格式，但一般來說，都是先從簡單的問題開始，逐層深入，以便從中發現顧客的需求，創造和諧的推銷氣氛，為進一步推銷奠定基礎。

先了解顧客的需求層次，然後詢問具體要求。

了解顧客的需求層次以後，就可以掌握你說話的大方向，可以把提出的問題縮小到某個範圍以內，而易於了解顧客的具體需求。如顧客的需求層次僅處於低級階段，即生理需求階段，那麼他對產品的關心多集中於經濟耐用上。當你了解到這以後，就可重點從這方面提問，指出該商品如何滿足顧客需求。

2. 注意提問的表述方法

推銷實踐中，我們應注意提問的表述。如一個保險銷售員向一名女士提出這樣一個問題：「您是哪一年生的？」結果這位女士惱怒不已。於是，這名銷售員吸取教訓，改用另一種方式問：「在這份登記表中，要填寫您的年齡，有人願意填寫大於 21 歲，您願意怎麼填呢？」結果就好多了。經驗告訴我們，在提問時先說明一下道理對洽談是有幫助的。

3. 盡量提出啟發性的問題

在銷售的過程中，銷售人員在向客戶提出問題的時候，最好避免客戶只用「是」或「否」就能夠回答的問題。如果向客戶提出的問題對方僅僅用「是」或者「否」來回答，那麼，銷售人員獲取的資訊顯然太少，因此不得不問更多的問題，然而絕大多數的客戶都不會喜歡連珠炮式的發問，問題過多反而會嚇跑客戶。那麼怎樣提問會比較好呢？

銷售行為的成功性，很大程度上依賴於銷售人員對客戶的了解程度。因此向客戶提問的過程是銷售人員獲取價值資訊的重要過程。所以，銷售人員在面前盡量提一些客戶需要很多的語言才能解釋的問題，這種問題我們稱之為「開放式問題」，並透過這樣的提問獲得具有價值的資訊，而這樣的提問方式，需要客戶做出大量的解釋和說明，銷售人員只需要相對較少的問題就可以達到目的。比如「您要採購怎樣的產品？」「您的購買目的是什麼？」等等，這樣客戶就不得不說出更多的想法，從而使銷售人員了解客戶的真實目的。

心理學的研究表明，絕大多數的人喜歡別人傾聽自己的談話，而非聽別人說話，所以銷售人員要利用簡單有效的提問，使客戶不斷地說話，做到仔細傾聽，並在此基礎上提出更深入的問題。我們都知道，許多時候，購買者是將電腦的經銷商當作專家來看待的，銷售人員要善於利用這一點，即使客戶性格較保守，也要透過有效的問答，使客戶將心中的想法表達出來，從而使自己從被動的地位轉換為主動地位，這樣就增加了銷售成功的可能性。

當然，開放式的提問方式，也是需要有所節制的，並非越開放越好，否則客戶甚至不知從何說起。所以，在提出這一開放式的問題時，銷售人員一定要有所預期，使客戶不需要太多的思考就能回答。

4. 用問題來引導客戶

有些時候，客戶往往是一個非常健談的人，比如你問：「你今天過得怎麼樣？」客戶可能會從早餐開始一直談到今天的天氣、交通狀況等等，漫無邊際。事實上，我們沒有必要了解許多對我們根本沒有用的資訊，因此，這時候我們就需要把問題轉移到你的目的上來。這種方式與上面提到的方式恰好相反，我們稱之為「封閉式」問題，就是使用者需要比較確定的語言來回答的問題。「開放式」的提問方式，顯然具有很多的好處，但是需要有一定的節制，否則可能銷售人員和客戶談得很投機，最終卻不能了解任何有價值的資訊，白白浪費了很多時間和精力。對此，「封閉式」的提問方式，是很好的補充。

「封閉式」的提問方式，最大的好處就在於能夠確認客戶對某一事件的態度和看法，從而幫助銷售人員真正了解到客戶的想法。比如「你確定要購買這種型號的電腦，是嗎？」，明確的提問，客戶必然需要明確的回答。

「開放式」的提問方式與「封閉式」的方式相配合才能在與客戶的交談中，使自己保持在主動地位，主動地引導客戶按照自己的設想和思路逐步說明他的想法，經驗豐富的銷售人員往往是運用這兩種方法相得益彰的人。

5. 建立對話的氛圍

你一定不喜歡審問式的交談方式，在銷售過程中也是這樣，身為銷售人員，在客戶交談的過程中，審問式的交談是大忌。沒有人會喜歡被審問的感覺，審問式的交談方式，會使客戶有種被脅迫的感覺，會增加客戶的戒心，甚至招致客戶的嚴重反感。大量地使用封閉式的問題，就會造成審問式的交談結果。

避免審問式交談的最佳方式是耐心，許多人在提問的時候，往往犯下這樣的錯誤，比如在提出的問題中，前半句會是一個開放式的問題，但緊接著，作為補充，後半句又成了一個封閉式的問題。比如：「你喜歡做什麼樣的工作？……我的意思是說你是否願意成為銷售人員？」很顯然，銷售人員在銷售談判的開始過程往往會比較緊張，希望能夠快速的結束整個過程。因此，會導致開放式問題開始，而快速地以封閉式問題結束，本想讓客戶更多的談及自己的想法，反而急不可耐地將自己的想法強加給客戶，因而欲速則不達。所以，建立互動式的討論氛圍關鍵是要有一定的耐心，透過開放式的問題，讓客戶多說一些，自己多傾聽一些，並在此基礎上，不斷有意識的將客戶往自己的方向引導，最終達到自己的目的—完成銷售過程。

不要吝嗇於讚美你的客戶

愛聽讚美之詞，是人的本性。卡內基在他的著作中講到：「人性的弱點之一，就是喜歡別人的讚美。」每一個人都覺得自己有很多值得誇耀的地方，銷售人員如果能抓住這種心理，很好地利用，就能成功地接近顧客。在產品、銷售人員和顧客之間建立起情感的聯繫，一旦形成了這樣的聯繫，購買行為就會隨之發生，甚至持續發生。

有一位銷售人員去拜訪一個新顧客，主人剛把門打開，一隻活潑可愛的小狗就從主人腳邊鑽了出來，好奇地打量著他。銷售人員見此情景決定馬上改變原已設計的推銷語言，他假裝驚喜地說：「哇，多可愛的小狗！這是瑪爾濟斯吧？」

主人自豪地說：「對呀！」

銷售人員又說：「真漂亮，毛都整整齊齊的，您一定天天幫牠打理吧！真不容易啊！」

主人很愉快地說：「是啊！不過牠很討人喜歡。」

銷售人員就這條狗展開了話題，然後又巧妙地將話引到他的真正意圖上。待主人醒悟過來時，已不好意思再將他掃地出門了。

真誠的讚美顧客，這是令顧客「開心」的特效藥。對你的顧客說一些讚美的話，這只需要花費幾秒鐘的時間，卻能增加人與人之間無限的善意。

喬治・伊士曼 (George Eastman) 因發明感光膠捲而使電影得以產生，他累積了一筆高達1億美元的財產，從而使自己成為世界上最有名望的商人之一。

伊士曼曾經在羅徹斯特建過一所伊士曼音樂學院及劇場。當時，紐約高級座椅公司的總裁魯姆斯・亞當森想得到這兩幢大樓的座椅訂貨生意。他和負責大樓工程的建築師通了電話，約定在羅徹斯特拜訪伊士曼先生。在見伊士曼之前，那位好心的建築師向亞當森提出忠告：「我知道你想爭取到這筆生意，但我不妨先告訴你，如果你占用的時間超過了5分鐘。那你就一點希望也沒有了，他是說到做到的，他很忙，所以你得抓緊時間把事情講完就走。」

亞當森被領進伊士曼的辦公室，伊士曼正伏案處理一堆文件。過了一會兒，伊士曼抬起頭來，說道：「早上好！先生，有事嗎？」建築師先為他倆彼此作了引見，然後亞當森滿臉誠意地說：「伊士曼先生，在恭候您的時候，我一直很羨慕您的辦公室。假如我自己能有這樣一間辦公室，那麼即使工作辛勞點我也不會在乎的。您知道，我從事的業務是房子內部的裝潢工作，我這輩子還沒有見過比這更漂亮的辦公室哩。」喬治・伊士曼回答說：「您提醒我記起了一樣差點遺忘的東西，這間辦公室很漂亮，是吧？當初剛建好的時候我對它也是極為欣賞。但是如今，我每次來這裡時總是忙在忙許多別的事情，有時一連幾個星期都沒辦法好好看這房間一眼。」亞當森走過去用手來回撫摸著一塊鑲板。那神情就如同撫摸一件貴重之物，「這是用英國的櫟木做的，對嗎？英國櫟木的組織和義大利櫟木的紋理就是有點不一樣。」伊士曼答道：「不錯，這是從英國進口的櫟木，是一位熟悉木工的朋友為我挑選的。」接下來，伊士曼帶亞當森參觀了那間屋子的每一個角落，他把自己參與設計與監造的部分一一指給亞當森看。他還打開一個帶鎖的箱子，從裡面拉出他的第一卷膠片，向亞當森講述他早年創業時的奮鬥歷程。

伊士曼情真意切地說到了孩提時家中一貧如洗的慘狀，說到了母親的辛勞，說到了那時想賺大錢的願望，講了怎樣沒日沒夜地在辦公室做實驗等等。「我最後一次去日本的時候買了幾張椅子運回家中，放在我的玻璃溫室裡。但陽光使之褪了色，所以有一天我進城買了一點漆，回來後自己動手把那張椅子重新油漆一遍。你想看看我漆椅子的工作做得怎麼樣嗎？好吧，請來我家，我們共進午餐，飯後我再給你看。」當伊士曼說這話的時候他倆已經談了兩個多小時了。

吃完午飯，伊士曼先生給亞當森看了那幾張椅子。每張椅子的價值最多只有 1.5 美元，但伊士曼卻為它們感到自豪，因為這是他親自動手油漆的。對伊士曼如此引以為榮的東西，亞當森自然是大加讚賞。最後，亞當斯輕而易舉地取得了那兩幢樓的座椅生意。

法國作家安德烈．莫洛亞 (André Maurois) 說：「美好的語言勝過禮物」。每當你讚美客戶的成就、特質和財產時，就會促使他自我肯定，讓他更得意。只要你的讚美是發自內心的，別人就會因為你而得到正面肯定的影響，他們對你產生好感。他們會增加對你的滿意度。

讚美要發自內心、要實事求是、貴在自然。真心的讚美有以下幾種：

1. 稱讚顧客的衣著。「我很喜歡你的領帶！」或者是「你穿的毛衣很好看。」
2. 稱讚顧客的小孩。「你的兒子真可愛！」或者是「你的女兒好漂亮，她幾歲？」
3. 稱讚顧客的行為。「對不起，讓您久等了，你真有耐心。」或者是「我發現你剛剛正在檢查……，你真是個謹慎的消費者。」
4. 稱讚顧客自己擁有的東西。「我喜歡你的汽車，這輛車是那一年出廠的？」

讚美時要注意以下細節：

1. 讚美要有實際內容。沒有實際內容的讚美，顧客會認為你在嘲弄他。比如：「你好偉大喲。」就有點酸溜溜的。
2. 讚美要從細節開始。比如：「你這身衣服很好看，尤其是衣服的雙肩特別筆挺，看起來很舒服。」
3. 讚美要注意當時的環境。比如當時天氣很熱，顧客穿的衣服太多，感到很熱。你就不能這麼說：「哇，您的衣服這麼漂亮。」本來是一句善意的話，在顧客耳中聽起來就很不舒服。

說服客戶要因人而異

有個故事是這樣：從前有三個人，一個勇敢，一個膽量中等，一個膽小如鼠。將這三個人帶到深溝邊，對他們說：「跳過去便稱得上勇敢，否則就是膽小鬼。」勇敢的人一向以膽小為恥，必定一躍而過，另外兩個則在溝邊徘徊。如果你對他們說，跳過去就給黃金兩千兩，這時膽量中等的人也跳過去了，而膽小之人仍然不跳。這時突然來了一隻猛虎，咆哮著猛撲過來，這時你不需要給他任何承諾，膽小鬼便會先你一步騰身而起，就像跨過平地一樣。

從這個例子我們可以看出，要求不同的人做一件事情，需要利用不同的條件去激勵他們，才能成功。這就證明了，對於不同心理特徵的人，要採取不同的方法去刺激他，才能使之心動。既然人們的性格迥異，就更要花心思遣詞用字，只有把話說到對方的心坎裡，才能達到我們的目的，尤其是銷售人員更應該掌握這種因人而異的心理戰術。

商場如戰場，銷售人員要真正征服顧客，必須做到知己知彼，才能百戰不殆，除了解顧客目的之外，銷售人員更要掌握顧客的性格，投其所好，這是至關重要的。

以下就是實際沙盤推演，面對幾種不同類型的顧客，銷售人員該用何種態度對待：

1. 對待商量型的顧客

委託銷售人員判斷哪種商品適合自己的顧客，我們稱之為商量型顧客。

顧客之所以找銷售人員商量，完全是處於對銷售人員的信任，因此銷售人員則應盡心盡職，不使顧客失望。

面對商量型顧客，銷售人員應作出合理的推薦，並選擇在適當的時機提出建議，不要極力推銷貴重商品，必須考慮商品是否適合顧客的需求。

只要顧客滿意，往往能促成相關商品的出售。

2. 對待沉默型的顧客

這類顧客難開金口，沉默寡言，個性內向。在向他進行銷售面談時，對於別人的話，他們總是瞻前顧後，毫無主見，有時即使胸有成竹，也不願意貿然說出。但這類顧客往往態度禮貌，對銷售人員也很客氣，即使你嘮嘮叨叨，也絕不採取不合作的態度，始終滿面笑容，彬彬有禮，只是話很少，此時銷售人員一定要想辦法讓他先開口說話。但怎樣讓對方開口呢？這就要看你的口才了。例如提出對方樂意回答的問題或關心的話題等等。和這種顧客打交道一定要耐性十足，提出一個問題之後，即使對方不立即回答，也要禮貌地等待，等對方開了口，再提下一個問題。

3. 對待冷淡型的顧客

這種顧客即使面對面還是有疏離感，就連一般的寒暄都懶得說，一副「有什麼事就快說吧」的神色。對待這類生性冷淡的顧客，銷售人員的談吐一定要熱情，無論他的態度多麼令人失望，但為了談出一個結果，千萬不要洩氣，主動而真誠地和他們打交道，終究可以讓他們打破沉默的。

4. 對待慎重型的顧客

這類顧客生性謹慎保守。在決定購買以前，對商品的各方面會做仔細的詢問，等到徹底了解、合意後才下決定。而在他下定決心以前，又往往會與親朋好友商量。

對於這樣的顧客，銷售人員應該不厭其煩地、耐心解答顧客提出的問題。說話時態度要謙虛恭敬，既不能高談闊論，也不能巧舌如簧，而應該以忠實見長，不多矯飾，直而不曲，話語雖然簡單，但言必中肯，給人敦厚的印象。總之，盡量避免在接觸中節外生枝。

5. 對待謙虛型的顧客

謙虛型顧客在挑選商品時，往往會選擇價格不高的，或者品質不是太差、功能不必太齊全的商品。

銷售人員要先辨別對方說的是不是真心話？是否言不由衷？

當顧客買便宜貨時，無論消費金額多少，都應視為上帝，千萬不要讓顧客覺得買便宜貨沒面子。

6. 對待自傲自大型的顧客

這類顧客擺架子的原因無非是虛榮心作祟，需要別人肯定他的存在和地位。在銷售過程中，這類顧客經常推翻銷售人員的意見，同時吹噓自己。對於這種顧客要順水推舟，首先讓他說個夠，不但要洗耳恭聽，還要不時附和幾句。對於他提出的意見，銷售人員不要做正面反駁，等他說完了，再巧妙地使他聽從你的意見，讓他來附和你。

7. 對待博學型的顧客

如果遇到博古通今的人，你不妨從理論談起，引經據典，旁徵博引，使談話富於哲理色彩，言詞含蓄文雅，既不以飽學者自居，又給人謙沖自牧的好印象。甚至可以把你想要為他解決的問題，作為一項請求提出，讓他為你指點迷津，把對方當作良師益友，就會取得他的支持。

8. 對待情緒陰晴不定的顧客

這類顧客心情舒暢時非常熱情，甚至使你有受寵若驚之感；但他們憂悶時，又會冷若冰霜，出爾反爾，給人一種難以捉摸的感覺。對待他們最重要的是給予充分理解，掌握他們的心理。例如，當對方的情緒不佳時，假如你能讓他傾吐內心的不滿，從而使他擺脫心理上的壓力，對你的銷售工作將大有幫助。

總之，在銷售過程中，銷售人員對待不同性格的顧客，要採取不同的說話方式。因人施法，因勢利導，才能事半功倍。

跟顧客談他感興趣的話題

在銷售過程中，銷售人員要善於傾聽顧客的談話，從中捕捉顧客的興趣，發現顧客的需求。

成功的銷售技巧就是找準顧客興趣，從他的喜好入手，透過閒聊拉近關係，用迂迴戰術來打開顧客的錢包。

杜維諾先生想把自己販賣的麵包推銷到紐約的一家大飯店，他每年都打電話給飯店的老闆噓寒問暖，還經常出現在飯店老闆出席的場所。他甚至在該飯店住了下來，以便成交這筆生意，但是，杜維諾的這些努力都是白費心機。

杜維諾苦苦思索，終於找到了癥結所在。經過調查，杜維諾發現這個老闆是一個「美國旅館招待者」組織的中心成員，最近還當選為主席，他對這個組織極為熱心。不論會員們在什麼地方舉行活動，他都一定到場，即使路途再遠也不影響他的出席。

當杜維諾再次見到飯店老闆時，開始大談「美國旅館招待者」組織，這位老闆當即滔滔不絕地跟杜維諾熱情地交談起來。當然，話題都是關於這個組織的。結束談話時，杜維諾得到了一張該組織的會員證。在這次會面中杜維諾絲毫沒有提麵包的事，但幾天之後，那家飯店的主廚就打電話過來，讓杜維諾把麵包樣品和價格表送過去。

「我真不知道你對我們那位老闆做了什麼手腳。」主廚在電話裡說，「他可是個很固執的人。」

「想想吧，我整整纏了他 4 年，還為此租了你們的房子。為了做成這筆生意，我可能還要纏他很久。」杜維諾感慨地說，「不過感謝上帝，我找出了他的興趣所在，知道他喜歡聽什麼內容。」

在銷售過程中，銷售人員必須跟著客戶的興趣走，談話沒有共同點是很難進行下去的。例如看到陽臺上有許多盆栽，你不妨說：「你對盆栽很感興趣吧？花市正在辦鬱金香展，不知道你去看了沒有？」看到高爾夫球具、溜冰鞋、釣竿、圍棋都可以展開話題。另外，身為優秀的銷售人員，你對各種時尚、眾人感興趣的話題也要多少知道一些，總之最好是無所不通的。

當然，人的興趣包羅萬象，而你不可能樣樣精通。在交談中，你的知識有可能不足以跟上對方的思路，那又有什麼大不了的呢？你可以說：「我一直想學 ××（或了解 ××），但就是學不好，你這麼精通，真是了不起！」對方一聽，覺得你很虛心，進而講一些你不知道的事，這樣既迎合了客戶，又增廣見聞。

總之，成功的銷售人員往往先談客戶及顧客感興趣的問題及嗜好，以便營造一種良好的交談氣氛。這種融洽的氛圍一旦建立，你的銷售工作往往會取得意想不到的進展。

利用幽默的話語打開客戶的心扉

幽默是銷售成功的金鑰匙，它具有很大的感染力和吸引力，能迅速打開顧客的心靈之門，讓顧客在會心一笑後，對你、對商品或服務產生好感，從而誘發購買動機，促成交易的迅速達成。

當銷售大師喬．吉拉德請某人在訂單上簽名的時候，客戶卻坐在一旁猶豫不決，對此，喬．吉拉德幽默地說：「您怎麼啦？該不會得了關節炎吧？」這句話常常能讓客戶忍俊不禁。喬．吉拉德甚至還可能放一支鋼筆在他手裡，然後把他的手放在訂單上說：「開始吧！在這裡簽下您的大名。」當吉拉德這樣做的時候，他的臉上帶著自然大方的微笑，但同時吉拉德又是認真的，而客戶也知道吉拉德不是在開玩笑。

如果這位客戶依然拿不定主意，吉拉德就會說：「我要怎樣做才能得到您的這筆生意呢？難道您希望我跪下來求您？」隨後，吉拉德可能就會真的跪倒在地，抬頭望著他說：「好了，我現在就求您，誰會忍心拒絕一個下跪的成年男子呢？來吧，在這裡簽上您的名字。」要是這一招還不能打動他的話，吉拉德會接著說：「您究竟要我怎麼做才肯簽呢？難道您希望我躺在地上？那好吧，我就賴在地上不起來了。」

這種方法會讓大多數人捧腹大笑，他們說：「喬，別躺在地上。你要我在哪裡簽名？」隨後，大家都笑了起來—客戶最終簽了名。

如果你在銷售的時候表現出色，那麼客戶是很願意在你這邊購物的。儘管有很多人說他們對外出購車常常感到膽怯，但是喬．吉拉德的客戶不會這樣說。人們總是說「與喬．吉拉德做生意是一件很愉快的事情」，相信這句話並不是毫無根據的。

由此可見，爽朗的性格和幽默的談吐都是贏得對方好感的重要因素。銷售人員如能具備爽朗的性格和幽默的談吐，有助於營造愉快的銷售氛圍。

那麼為什麼爽朗和幽默的性格能吸引別人呢？這便要從人的心理角度來分析。人是一種矛盾的動物，一方面不堪忍受孤獨寂寞，要與他人交流溝通，具有群居性；另一方面人們對陌生人總有一種戒備心和恐懼感。所以，碰到陌生人的第一個反應便是關起心扉；然而又並不僅僅如此，他仍然想去了解、探察別人。如果陌生人表現出爽朗善意、幽默的談吐風度，對方便會慢慢了解到你並不是「來者不善」，從而慢慢地打開心扉。

曾有一位銷售菁英講過這樣一個故事，很耐人尋味。

「情人節那天，我和兩位同事相約在某酒店吃飯。酒過三巡，不知道怎麼混進來的，一個黑瘦的賣花童突然湊到我們桌前。

我們三個一起擺手，說沒有女孩，買什麼花啊，找別人去吧！賣花童沒動，笑著說：『現在男人也流行送花啊！』說完從懷裡抽出一朵玫瑰遞給一個同事說：『叔叔，這個就算我送您的吧！』

我們不解，賣花童一拍胸脯：『我也是男人嘛！』那位同事大窘，為了不讓大家誤會『男人的感情』，馬上掏出五十元，連說這朵玫瑰算買的。

我在一旁哈哈大笑。沒想到賣花童又抽出一朵遞給我，對那位同事說：『這朵我替您送給這位叔叔吧！』現在輪到那位同事哈哈大笑了。我忙掏出五十元，說我也買一朵。他這單身漢，我可不想接他送的玫瑰！

然後，賣花童從桌上的菸盒裡拿出一根菸遞給另一位同事，又幫忙點上。賣花童放下打火機說：『老闆，我幫您捶捶背吧！』說完一手攬花，一手在他背上捶起來。

另一位同事朝我們使使眼色，故意說：『我可不買花啊！』賣花童嘿嘿一笑：『老闆您不用買花，一會兒給點小費就行，這種服務……』聽到這裡，另一位同事連連擺手：『好了好了，我看還是買一朵划算。』忙掏出五十元遞過去。

賣花童深深鞠了一躬，道了聲謝便轉身跑了。我們不禁讚嘆他的機靈。說實話，我們三個可都是公司的銷售菁英，沒想到今天幾分鐘便讓一個賣花小孩『拿下』，實在出乎意料。

當我們走出酒店時，看到幾乎每個桌上都擺著幾朵玫瑰，連保全的口袋裡都插著一朵……這下我們服了！」

在銷售中，幽默語言不僅可以緩和談話的氣氛，打破僵局，還可以用幽默的語言刺激顧客的消費意識，讓顧客在不知不覺中進入銷售員設好的圈套內。

銷售人員對顧客來說全是陌生人，一開始並不被顧客了解。如果銷售人員在訪問會談時隨時展現笑容，對人和藹可親、談吐風趣，對於銷售工作當然助益很大。

在銷售中，適當講一些小笑話，能迅速降低顧客對銷售人員的敵意，促使銷售成功，但千萬不可過度，如果沒有掌握好分寸，會給顧客留下輕浮，不可靠的印象。所以說，幽默可以為你贏得客戶的好感，但你要運用得巧妙，有分寸、有品味。

善用「借」字訣來銷售

在《紅樓夢》裡一心要掌握賈府實權的薛寶釵說過一句話：「好風憑借力，送我上青雲。」大意是，借助其他方面的力量，我就能一下子達成自己的目標。在銷售過程中，如果你借到了「好風」，上「青雲」也是自然的事了。那種只靠自己的力量去爭取銷售成功的觀念早該扔掉。

在美國，一個出版商藉總統大做文章，不僅推銷掉積壓的圖書，而且還取得了可觀的經濟效益。一次，該出版商為倉庫裡堆積如山的圖書賣不出去而發愁，忽然他眉頭一皺，計上心來。過了幾天，他透過朋友送了一本樣書給美國總統。後來，總統看到了這本書，只瀏覽了幾頁，便漫不經心地說：「這本書不錯。」出版商聞訊，利用總統這句話大做廣告，一個月內把積壓圖書全部賣光。

後來，又有一批圖書積壓，該出版商因嘗到了甜頭，又寄了一本樣書給總統。這一回，總統不給面子，評論說：「這本書糟透了！」於是，該出版商在廣告中大肆宣傳：「本公司出了一本總統認為很糟糕的書！」不久，該書銷售一空。

幾個月後，該出版商又遇到了圖書積壓的難題，他像以前一樣如法炮製，寄一本樣書給總統。這一回，總統學聰明了，乾脆對他的書不置一詞。於是，該出版商在廣告中寫道：「這裡有一本總統難以評價的書！」結果，所剩圖書轟然銷盡。

一個借字，天地廣闊，大有文章可做。如果你想很輕鬆地銷售成功，獲得財富，就要學會巧妙地運用「借」字，這是最高明的一種手法。

在銷售中善用「借」字訣，首先就要勇於並善於「拉大旗作虎皮」，這與「狐假虎威」相比，雖然都是靠更加有威勢的第三者的壓力，促成銷售，但是以後者來說，「狐」與「虎」確實存在著某種關聯，而本策略最妙之處在於，銷售其實根本與這個第三者沒有任何聯繫，只是假借它的名頭唬人罷了！

有一位銷售人員，為了銷售百葉窗簾，他知道某公司的經理與某局長是老相識，便打聽到經理的住處，提一袋水果前往拜訪，彼此寒暄後，他說出了幾句這樣的話：「這次能有幸來拜訪，都多虧了王局長的介紹，他還請我替他向您問好……」「說實在的，第一次見面就使我十分高興……聽王局長說，你們的公司還沒有裝百葉窗簾……」

第二天，百葉窗簾便成交了。此人高明之處就是有意撇開自己，用「得到了王局長的介紹」這種借人口中言，傳找心腹事，借他人之力的迂迴攻擊法，令對方很快就接受了。

如果你想要成功的銷售產品，一定要善加使用「借」，問題是往往是借什麼和怎麼借。其中借什麼是個難點，想到了就不難，怎麼借可能就會在思考中水到渠成。難的是很多人想不到該借什麼，這需要對事物規律有正確的判斷，對人性和市場行情有深刻的體察。

懂得傾聽客戶的心聲

在這個充滿激烈競爭的時代，只有讓客戶真心信服，你才算真正抓住客戶的心。那麼究竟怎樣才能使自己的表達更具魅力呢？

如果你要想擁有卓越的口才，首先必須學會仔細地傾聽。也就是說，你必須抱著虛懷若谷、海納百川的態度聆聽他人的談話。銷售人員的角色，只是一名學生和聽眾；讓客戶出任的角色，是一名導師和演講者。

許多銷售人員不願傾聽，那就自然無法與客戶順暢溝通，進而影響了銷售的效果。透過傾聽，雙方的想法可以互相滲透和相互融合，慢慢地也就產生凝聚力，客戶就會把內心的問題、想法、意見和要求毫無保留地向你傾訴。

在溝通過程中，如果一方一直滔滔不絕地高談闊論，那麼他溝通的品質必然很差，因為這樣的談話已不是對話，而是像演講或培訓講座一樣，客戶的感覺一定非常不好。你要試著成為一位傾聽者，認真傾聽客戶的談話，靜下心來，定下心來，像個友好、友善、積極、熱情的戀人一樣，像聽取世界上最美妙的聲音，傾聽客戶的所有意見和建議。只有這樣，你才能從客戶的言行舉止中，冷靜地去思考，了解並領悟客戶所傳達的資訊。當你真正地了解客戶的想法時，你與客戶之間的溝通才算真正開始。

喬．吉拉德被譽為當今世界最偉大的推銷員，回憶往事時，他常念叨如下一則令其終身難忘的故事。

在一次推銷中，喬．吉拉德與客戶洽談順利，正當馬上就要簽約成交時，對方卻突然變卦。當天晚上，按照客戶留下的地址，喬．吉拉德找上門去求教。客戶見他滿臉真誠，就實話實說：「你的失敗是由於你沒有自始至終聽我講的話。就在我準備簽約前，我提到我的獨生子即將上大學，而且還提到他的運動成績和他將來的抱負。我是以他為榮的，但是你當時卻沒有任何反應，而且還轉過頭去用手機和別人通電話，我一氣之下就改變主意了！」

此番話重重提醒了喬．吉拉德，使他領悟到「聽」的重要性，讓他認識到如果不能自始至終傾聽對方講話的內容，認同客戶的心理感受，難免會失去自己的客戶。

透過傾聽，我們可以得到有效的資訊，並可據此進行創新，促進更好的銷售，為客戶創造更多的經營價值。

有一次，一位銷售員陪同經理去見一位生性木訥寡言的老闆。這位老闆是紙張批發和相關生產行業的行家。他從做銷售員起步，經過不懈的努力成了紙張批發商，而後開辦了自己的造紙廠，他是造紙業中最受尊敬的人物之一。相互介紹後，他們開始談正事。經理向他講解他所擁有的地產和生意與稅收之間的關係，在聽的過程中他看都不看經理，自然經理也看不見他臉上的反應，他是否在認真聽也就無從知道。在這種情況下經理講了三分鐘，然後就停了下來，這無疑是一種窘迫的沉默。經理靠在椅背上等著。

對那個陪經理同來的銷售員來說，這段時間太長了，這情形使他如坐針氈。他怕經理在這樣重要的人物面前失敗，他必須打破僵局，於是他要開始說話。見此情形經理真恨不得在桌下踢他一腳。經理向他搖頭示意讓他停下來，所幸他明白經理的意思，沒再說下去。就這樣窘迫地沉默了一分鐘，那位老闆抬起頭，他看經理正舒服地仰靠在椅背等著他說話。

他們對視著，都希望對方開口。最後那位老闆打破了僵局，平常他是一個不善言談的人，可這次他說了足有半個小時。在他說的時候，經理盡量不插嘴讓他說。等他說完了，經理說：「老闆，您告訴了我一些非常重要的資訊，您所談及的事比大多數人更有想法。我來此最初的構想是能幫您這樣一位成功人士解決問題，可透過您的談話得知，您已為解決這些問題花了兩年時間。即便如此，我還是希望能花些時間來協助您進一步把問題解決得更好，下次我再來的時候，我一定帶些新主意來。」這位經理已經得知老闆不需要什麼，而對話中提到的一些具針對性的問題，就足以讓他了解事情的全貌，也就知道老闆到底想要什麼。這次面談給經理帶來了一單大生意。事後那個銷售員對經理說他從沒見過這樣的場面，簡直沒法理解當時的情況。

最有成就的人，不一定是最能說的人。老天給我們兩隻耳朵一個嘴巴，本來就是讓我們多聽少說的。善於傾聽，才是成熟的人最基本的素養。其實只有少數人掌握了聽的藝術。好多人在抱怨人們不聽他們說話，但是他們忘了自己本身也沒有聽別人講話。集中精力聽別人在說什麼，不要有任何的分心。傾聽以了解他人，傾訴而被人了解，從雙方的共同點開始溝通，始終記住，溝通的主角不是言語，而是人。

大多數的人都喜歡「說」而不喜歡「聽」，特別是沒有經驗的銷售人員，認為只有「說」才能夠說服客戶購買，但是客戶的需求和期望都是由「聽」而獲得的。你如果不了解客戶的期望，你又如何能達成取得訂單的期望呢？

最有效，也是最重要的溝通原則與技巧是成為一位好聽眾。良好地進行交流溝通是一個雙向的過程，它依賴於你能抓住聽者的注意力和正確地解釋你所掌握的資訊。如果我們能專注傾聽別人說話，自然可以使對方在心理上得到極大滿足與溫馨，這時你才能集中心力去解決問題或發揮影響力。

銷售人員在運用傾聽技巧時，要注意以下幾點：

1. 傾聽的專注性：銷售人員要排除干擾，集中精力，認真思考，積極投入的傾聽客戶的陳述。
2. 「聽話聽聲，鑼鼓聽音」，銷售人員要認真分析客戶話語中所暗示的用意與觀點，整理出關鍵字，聽出客戶的情緒及弦外之音。
3. 注意隱蔽性話語。銷售人員要特別注意客戶的晦澀語言，模稜兩可的回答要記錄下來，認真詢問對方，也許他是故意轉移你的思路。
4. 同步性。當在傾聽時，銷售人員要以適宜的肢體語言回應，適當提問，適時保持沉默，使談話進行下去。

在銷售過程中，銷售人員最有效、最重要的溝通原則與技巧是成為一位好聽眾。如果銷售人員能專注傾聽客戶說話，自然可以使客戶在心理上得到極大滿足與溫馨，有利於促成銷售成功。

幫助猶豫不決的客戶下定決心

有的顧客在購物過程中，對於商品的選擇往往是優柔寡斷，千挑萬選卻又無法決定，不知如何取捨，此類顧客即是猶豫不決型顧客。當準顧客一再表現出有意購買的樣子，卻又猶豫不決拿不定主意時，可採用把話說到顧客心裡去吸引住他的技巧。

例如當顧客說出我要考慮一下時，通常在這種情況下，顧客可能對產品感興趣，但是還沒有弄清楚某一細節或者沒有決策權，只好推託。所以要利用詢問法將原因弄清楚，再對症下藥，藥到病除。如：先生，我剛才是否有哪裡沒解釋清楚，所以您需要考慮一下？

一位老爺爺在咳嗽用藥品架前研究了半天，再三比較下，終於拿了幾樣比較「順眼」的藥品，便向店員詢問哪種藥更好。這時店員發現其中有一種是公司規定的主推品種，便機靈的指著說：「這種不錯。」

老爺爺半信半疑地說：「我看這種藥最近廣告打得很凶，而且是某明星代言的，效果應該也不錯。」

店員立即附和：「是的，這個滿好的！」

老爺爺又指著其中一種說：「這個是糖漿，服用方便，而且是老牌子，應該也可以的。」

店員立刻點頭說：「確實是。」

由於接二連三的提問都得不到明確的答覆，老爺爺拿不定主意，最後只得放下藥品對店員說：「等醫生開了藥方我再來買。」

老年購買者在購買商品時，心裡沒把握，容易聽信別人意見以及廣告宣傳的左右，往往行動謹慎，選擇比較緩慢，疑心較大，在聽店員意見時顯得小心謹慎、顧慮重重，挑選藥品動作緩慢，費時較多。有時可能因猶豫不決而中斷購買行為，想買而又害怕上當受騙。店員在接待這類顧客時，不宜「一味附和」或者「喧賓奪主」，一定要把自己定位於稱職的「參謀」。真正為顧客著想，尊重他們意見的同時，言語緩和的表達自己的觀點，這樣可以減少顧客的疑慮，加快達成交易的速度。

向顧客傳達確切的產品優勢

身為銷售人員要不斷重複產品的優點和顧客的利益。因為有的時候一次說話，別人很容易沒有聽到，所以你需要不斷的重複；況且事實勝於雄辯，你可以拿以前顧客寫給你們的感謝信，或者是利用統計數據等等資料來證明你們公司的產品確實是受人歡迎的。我們把這種方法叫做向顧客灌輸量化的觀念。

舉一個例子，美國有一家腳踏車製造商，他生產的腳踏車比別的腳踏車貴一點。一般腳踏車的價格在美國 150 美元左右，但他們的腳踏車要賣 186 美元。為什麼他們的腳踏車比別人的貴呢？是因為他在剎車系統方面做了特殊的設計，他的成本比較貴。而且安全考慮比較好，所以比別人貴。結果呢？他們銷售了很久，業績並不好。產品賣得不多，他們去找一家顧問公司，請他們分析為什麼產品無法打入市場？這個顧問公司經過了解，知道他們的產品比別人優越的地方，也知道價格確實不能降下去，降下去以後，成本各方面跟銷售的核算不值得，所以價錢必須得維持這個水準。於是顧問公司研究出一個銷售模式，使產品得以有良好的銷量。怎麼樣的模式呢？就是讓所有的銷售人員在銷售他們這種腳踏車時，首先用問話的方式：「您覺得一輛腳踏車什麼東西最重要呢？是不是安全最重要？」第一，有問有答。因為當銷售人員問一輛腳踏車什麼最重要，對方一下子說不上來，這樣只會讓對方困惑且感覺挫折；或者，如果答案不對的話，就難以繼續對話。所以第一句話便問對方：「您覺得一輛腳踏車最主要的考慮是什麼呢？是不是安全呢？」對方會說：「是呀，當然是呀。」「那麼什麼東西最影響腳踏車的安全呢？是不是剎車呢？」對方說：「是啊，是剎車。」他們說：「您覺得一輛腳踏車大概使用多久呢？ 3 年？ 5 年？ 10 年？」又是問話，又給答案。對方也許會說：「至少能夠用 3 年，好的可以用到 5 年、10 年。」「好吧，我們就拿最短的時間— 3 年來說吧，1 年有 12 個月，3 年有 36 個月，我們的腳踏車只比別家多 36 塊錢，你除以 36 之後，其實你每月只多花 1 塊錢你就買了安全系統又好，又耐用的一輛腳踏車，您看這多值得啊！而且這輛腳踏車用的更長的話，其實就等於你一個月花更少的錢就買到了。」一般人不能夠接受這個東西比那個東西在 100 多塊錢的價值上貴了 36 塊錢，但是能夠接受這個東西一個月只比那個東西貴一塊錢。所以，身為銷售人員，你一定要善於抓住顧客的心理，來銷售產品。

銷售菁英必知的成交策略

成交是對銷售人員努力工作的最好回報。如果不能成交，之前付出的再多艱辛與努力也是白費的。可見，成交對於任何一名銷售人員來說是多麼重要。然而，身為一名銷售員，你也許有過這樣的困惑：為什麼銷售同樣的商品，成績卻有天壤之別？答案其實很簡單：要想在你每一次銷售過程中都成功成交，僅有強烈的願望是不夠的，還需要掌握相應的技術和技巧，並將其合理運用。

不要讓成交成為心理障礙

成交是整個銷售過程中最重要的一環，氣氛比較緊張，容易使銷售員產生一些心理上的障礙，直接阻礙成交。這裡所講的心理障礙，主要是指各種不利於成交的銷售心理狀態，是屬於銷售員這方的成交障礙。要消除這些障礙，就需要銷售人員樹立正確的成交態度，加強心理訓練。

1. 銷售員擔心成交失敗

   產生這種心理障礙的主要原因在於社會偏見的深刻影響，有些銷售員缺少成交經驗，沒有足夠的心理準備，也容易產生這樣的成交恐懼症。大量的實踐證明，並非每一次銷售面談都能成功導向成交，真正達成最後交易的只是少數。只要充分地認識這一點，銷售員就會鼓起勇氣，不怕失敗。

2. 銷售員具有職業自卑感

   產生這種成交心理障礙的主要原因在於社會成見，銷售員本身的知識水準也會導致不同程度的自卑感。產生這種自卑感的主要原因是他們沒有充分了解自己工作的社會意義和價值。因此，為了克服職業自卑感，消除成交心理障礙，銷售人員應當認真學習現代銷售學基本理論和基本技術，提升職業知識水準，加強職業修養，培養職業認同感和自信心。

3. 銷售員認為客戶會自動提出成交要求

   這是一種錯覺，也是一種嚴重的成交心理障礙。在實際銷售工作中，有些銷售員未能成交，僅僅因為他們認為沒有必要主動提出成交，他們認為客戶在面談結束時會自動購買商品；但是，事實證明，絕大多數客戶都採取被動態度，需要銷售人員首先提出成交要求。因此，銷售人員應該捨棄上述錯覺，主動提出成交要求，並適當施加壓力，積極促成交易。

4. 銷售員成交期望過高

因為銷售員成交期望太高，就會產生太大的成交壓力。應當認識到，這種壓力雖是成交的動力，但也是成交的阻力。一旦成交期望太高，就會破壞良好的氣氛，引起客戶的反感，直接阻礙成交的進行。

辨識客戶的成交訊號

成交訊號是指客戶在銷售面談過程中所表現出來的各種意向。成交是一種明示行為，而成交訊號則是一種行為暗示。實際銷售工作中，客戶往往不會先提出成交，更不願主動明確地宣告成交。為了確保自己所提出的交易條件，或者為了殺價，即便心裡很想成交也不說出口，似乎先提出成交者一定會吃虧。

但是成交訊號是藏不住的，客戶的成交意願總會透過各種方面表現出來，銷售人員必須善於觀察客戶的言行，捕捉各種成交訊號，及時促成交易。

要辨識「成交訊號」，銷售人員必須要能把精力集中在客戶身上。除非銷售人員已經對自己的產品和工藝非常的熟悉，否則會發現自己老是在注意自己該說些什麼，而不是在聽客戶說些什麼。

簡單地說，成交訊號就是用身體與聲音表現滿意的形式。這也就是說客戶所說和所做的一切都在告訴你他（她）已作出了願意購買的決定。在大多數情況下，成交訊號的出現是較為突然的，有的時候，客戶甚至可能會用某種成交訊號打斷你的話，因此，需要銷售人員保持警覺性。

1. 語言的訊號

客戶購買訊號的表現是很微妙的，有時他可以透過某些言語而將這些訊號傳遞給銷售人員。例如：

「聽起來還滿有趣的……」

「我希望……」

「你們的售貨條件是什麼？」

「它可不可以被用來……？」

「多少錢？」

總之，客戶如果將成交訊號隱藏在他們的言語中，這時銷售人員更要具有很強的辨識能力，從客戶的言語中找到其真實的感受，促成與客戶之間的交易。

2. 身體的訊號

客戶的身體語言是無聲的語言，它也能夠表現出客戶的心情與感受，它的表現形式更微妙，更具有迷惑性。請注意觀察看客戶是否：

突然變得輕鬆起來。

轉向旁邊的人說：「你看怎麼樣？」

突然嘆氣。

突然放開交叉抱在胸前的手（雙手交叉抱在胸前表示否定，當把它們放下時，表示障礙消除）。

身體前傾或後仰，變得放鬆起來。

鬆開了原本緊握的拳頭。

伸手觸摸產品或拿起產品說明書。

當以上任何情形出現時，你就可以徵求訂單了，因為你觀察到了正確的成交訊號。

3. 表示友好的姿態

有時客戶突然對你表現出友好和客氣的姿態。

「要不要喝杯咖啡？」

「要喝點什麼飲料嗎？」

「留下來吃午飯好嗎？」

「你真是個不錯的售貨員。」

「你真的對你的產品很熟悉。」

請密切注意你客戶所說的和所做的一切，也許獲得訂單的最大絆腳石是銷售員本人的太過健談，從而忽視了客戶的成交訊號。任何時候你認為你聽到或看到了任一種成交訊號，你就可徵求訂單了。

有經驗的銷售人員會捕捉客戶透露出來的有關資訊，並把它們作為促成交易的線索，勇敢地向客戶提出銷售建議，使自己的銷售活動趨向成功。而這些成交訊號對促成銷售人員與客戶之間的交易也發揮了重大的作用，身為銷售人員應該對成交訊號具有高度的靈敏性。

一般來說，觀察客戶的意圖是不難的。透過察言觀色，根據客戶的談話方式或由面部表情的變化，便可以作出判斷。銷售人員要善於獲取、利用客戶所表現出來的成交訊號，確保交易能順利進行。

促成交易的最佳時機應是客戶已經在想法上接受了銷售人員的產品和服務。如果銷售人員能將產品和服務正確定位成客戶的需求時，客戶就會向銷售人員發出相應的訊號。

在實際銷售工作中，一定的成交訊號取決於一定的銷售環境和銷售氣氛，還取決於客戶的購買動機和個人特性。

下面我們列舉一些比較典型的實例，並且加以分析和說明：

1. 透過郵寄廣告得到回應。在尋找客戶的過程中，銷售人員可以分期分批寄出一些銷售廣告。這些廣告若迅速得到客戶反應，表明客戶有購買意願，是一種明顯的成交訊號。
2. 客戶經常接受銷售人員的約見。在絕大多數情況下，客戶往往不願意重複接見同一位成交無望的銷售人。如果客戶樂於經常接受銷售人員的約見，這就暗示這位客戶有購買意願，銷售人員應該利用時機，及時促成交易。

3. 客戶的接待態度逐漸轉好。在實際銷售工作中，有些客戶態度冷淡或拒絕接見銷售人員，即使勉強接受約見，也是不冷不熱，企圖讓銷售人員自討沒趣。銷售人員應該我行我素，自強不息。一旦客戶的接待態度漸漸轉好，這就表明客戶開始注意你的產品，並且產生一定的興趣，暗示客戶有成交意願，這一轉變就是一種明顯的成交訊號。
4. 在面談過程，客戶主動提出更換面談場所。在一般情況下，客戶不會更換面談場所，倘若在正式面談過程中，客戶主動提出更換面談場所，這一更換也是一種暗示，是一種有利的成交訊號。
5. 面談期間，客戶拒絕接見其他公司的銷售人員或其他相關人員。表明客戶非常重視這次會談，不願被別人打擾，銷售人員應該充分利用這一時機。
6. 在面談過程中，接見人主動向銷售人員介紹該公司負責採購的人員及其他相關人員。在銷售過程中，銷售人員總是首先接近具有購買決策權的人員及其他相關要人。而這些要人並不負責具體的購買事宜，也很少直接參與有關具體購買條件的商談。一旦接見人主動向銷售人員介紹相關採購人員，則表明決策人已經作出初步的購買決策，具體事項留待相關人員進一步商談，這是一種明顯的成交訊號。
7. 客戶提出各種問題要求銷售人員回答。這表明客戶對銷售人員有興趣，是有利的成交訊號。
8. 客戶提出各種購買異議。客戶異議是針對銷售人員及其銷售建議和產品而提出的不同意見，既是成交的障礙，也是成交的訊號。

9. 客戶要求銷售人員展示產品。這表明客戶有購買意願，銷售人員應該抓住時機，努力促成交易。

10. 其他成交訊號。在實際銷售工作中，客戶可能透過各式各樣的方式來表示成交意願。除了上面所列舉的幾種成交訊號之外，還有其他種種成交訊號，例如客戶比較各項交易條件；客戶認真閱讀產品資料；客戶索取產品樣本或估價單；客戶接受電話交談；客戶接受邀請參加展示會或產品新聞發布會；客戶委託有關個人方面的事務；客戶無意中對業內人士或其他友人洩露購買產品的意思等等。銷售人員應該善於分析銷售時的情景和氣氛，捕捉各種有利的成交訊號，伺機促成交易。

為雙方留有餘地才能順利成交

促成交易是銷售過程重要的一環，也是銷售人員的夢想。事實上，每一個銷售人員都希望自己洽談的每一筆銷售業務最終能達成交易。對銷售人員來說，能否有效地促成交易直接關係到其銷售業績的好壞。那麼，如何才能有效地促成交易呢？

在銷售過程中，銷售人員應該及時提示銷售重點，推廣產品，告訴客戶，吸引客戶，說服客戶。在處理客戶異議時，銷售員也應該提示相關銷售要點，補償或抵消相關購買異議。到了成交階段，似乎該說的都說了，該看的都看了，客戶已經明確了解銷售要點，不用再作更多的說明。但是，為了最後能促成交易，銷售人員應該講究策略，遇事多留一手，等到成交時再一一提醒有利於成交的銷售要點和優惠條件，促使客戶下定決心，有效達成交易。

在實際銷售工作中，銷售員要注意提示的時機和效果，面談內容應逐步深入，首先要誘發客戶的購買欲望，並且要留有一定成交餘地，先留一手，到了最後的關鍵時刻再行提示，這是成交的最後法寶。有些銷售員不了解客戶的購買心理，面談起來口若懸河，一瀉千里，銷售要點暴露無遺，這樣既不利於客戶接受銷售資訊，又不利於最後成交。如果銷售人員在面談時全盤托出，這樣就會變主動為被動。因此，銷售員應該講究成交策略，多留幾手絕招，除非萬不得已，絕不輕易亮出王牌。既要及時提示銷售重點，又要充分留有成交餘地。

另外，銷售員也要為客戶留下一定的購買餘地，即使這一次不能成交，也希望日後還有成交的機會。

總之，在成交過程中，銷售員應該講究一定的成交策略，堅持一定的成交原則。也就是說，銷售員應該密切注意成交訊號，靈活應變，隨時準備成交；銷售員應該培養正確的成交態度，消除各種心理障礙，謹慎對待客戶的否定回答；銷售員應該充分留有成交餘地，利用一切可以利用的機會，有效地促成交易。

適時報價促成交易

有時，價格報的多少是影響一筆生意能否成功的關鍵因素。很多時候，就是因為買賣雙方因為價格問題致使生意泡湯。銷售員懂得一些報價的技巧，至少可以節省不少在討價還價上浪費的時間，讓自己的工作更有效率，也讓客戶更容易接受。

保險公司為了動員液化石油氣使用者參加保險，宣傳說：「參加液化石油氣保險，每天只交保險費一元，若遇到事故則可以得到一萬元的保險賠償金。」如果換一種說法，說每年需交 365 元的話，效果就差多了。客戶大多會覺得 365 元並不是個小數目，而且用除法報價法說成每天只交一塊錢，客戶聽起來在心理上就比較容易接受了。

既有除法報價法，自然也就有加法報價法。有時，銷售員怕報的價格過高而把客戶嚇跑，就把價格分解成若干層次一一提出，這若干次的報價最後加起來仍等於沒有分解時一次性報出的那個價格。

一位銷售員向一個書法愛好者銷售一套文房四寶，一共是 1,840 元。他怕一次說出價格對方不接受，於是他先說出筆的價格，要價很低，只有 150 元。對方沒有嫌價格高；說完筆的價格再說墨的價格，要價也不高，495 元，客戶也點頭認可；銷售員接著又說出紙的價格，一本宣紙他賣了 195 元，對方覺得可以接受。到最後，開始報硯臺的價格，客戶已經買了筆、墨、紙，自然想到「配套」，不願放棄，在談判中也只能接受銷售員報出的 1,000 元價格了，最終，銷售員仍是以他原定的1,840 元的價格成交了這套文房四寶。

一個優秀的銷售員，在與客戶面談時很少直接問：「你願意出多少？」相反，他會不動聲色地說：「我知道你是個行家，經驗豐富，根本不會出 200 元的價錢，但你也不能出 100 元就把我這個東西買到手呀。」這些話雖然看似順口說的，實際上卻在隻言片語間把價格限定在 100 至 200 元的範圍內了。這種方法既有上限也有下限，可謂「抓兩頭，議中間」。銷售員也許不能得到最高價，但也不會讓客戶得到最低價。

快速與各類顧客成交的方法

銷售過程中，銷售員往往會遇到各種客戶。如果你不能很好地應對他們，銷售便不能成功。那麼，如何快速與各類客戶成交呢？

1. 應對愛支配的控制者

   這類客戶獨斷專行，具有攻擊性，對所求有不達目的誓不罷休的態度。他們通常是領袖，或社交孤立者，朋友和人們在他們的照料下相當受到保護，也可能容易受其影響。他們知道自己在想什麼，關心正義和公平，並且樂意為此而戰。他們能覺察權力所在之處，讓自己不受到他人的控制，而且具有支配力，會忠實運用自己的力量，並毫無倦怠地支持有價值的事物。

他們有著不同的兩面性：負面情緒有憤世嫉俗、逞威風、破壞法紀、手段強硬，他們不能體會別人的感覺，而且利用力量、謊言、操縱或暴力去達到自己的目的；正面情緒有極深切的愛，能保護他人並給予力量，能利用他們強大的精力和天生的權威，為家庭而向社會中的不義戰鬥。

與這類客戶談交易時，為了達到成交的目的，適當地拍拍他們的馬屁是有必要的，當他們的攻擊性消失後，他們將會是很好的一個客戶，甚至會給你帶來許多潛在的客戶。

2. 應對質問型的懷疑者

這類客戶會認為世界處處存在威脅，雖然他們可能察覺不到自己處在恐懼中，他們也不相信這種觀點。他們以為自己了解威脅的來源，為了武裝自己，他們會預想最糟的可能結果。多疑的他們會拖延行事，並引起他人對他們動機的猜疑。他們不喜歡權威，也可說是害怕權威，而且在權威中難以自處，或維持成功。某些人傾向於退縮並保護自己免於威脅，某些則先發制人，為了迎向前去克服，而表現出極大的攻擊性。但是，一旦他們願意相信他人時，他們會是忠誠而重承諾的朋友和團隊夥伴。

他們的兩面性是：處在負面情緒時，彷彿受驚的兔子和刺蝟，躲閃和發動攻擊是其情緒激動的兩種必然反應。這種近乎於神經質狀態的質問和責難，恰恰反應了他們內心的焦慮和懷疑。處在正面情緒時，他們會理性的發問，能從各種角度看到別人看不到的威脅和災難。

應對這類客戶時要注意：他們在自己的內心建立起厚厚的城牆，在沒有確信足夠安全的前提下，內心和外界是隔絕的。不要試圖去說服他們，因為在他們沒有信任你之前，一切話語都被他們拒於門外。關鍵點是如何找到進入他們緊閉心門的鑰匙，而取得他們的信任是首要條件。

3. 應對積極奉獻者

這類客戶不管在時間、精力和事物三方面都表現出主動、樂於助人、普遍樂觀以及慷慨大方。獨立性較強，不喜求人，認為任何難題自己都能輕鬆化解，當別人有需求的時候，他們能恰當的顯示出這種才能。

他們的兩面性是：處在正面情緒時，知覺力強、配合度高，是忠誠而無私的好幫手，具有一定程度的英雄主義情結；負面情緒時，有城府，心機較深，具有功利性。

應對這類客戶的要點是：如果能以弱者的形態出現，恰當的滿足其英雄情結追求，他有可能瞬間將你當成知己。

4. 應對冷靜觀察者

這類客戶的人生經驗和過去的經歷是他們決策的重要依據，對於新事物的嘗試在沒有經驗累積前，一直都是處於觀察的過程中。他們懷著距離來體驗生命，避免牽扯任何情緒，比起參與更重於觀察。精神生活對他們而言相當重要，他們具有對知識和資訊的熱愛，通常是某個專門領域的研究者或者傑出的決策者和具有創意的知識分子。

他們的兩面性是：處於負面情緒時，表現得退縮、好猜忌、批判、恃才自傲，他們對任何事都不願承諾、控制性極強，而且感覺與世界失去了聯繫；處在正面情緒時，是敏感、具知覺力、專注、客觀而富創造力的思想家，能結合他們的敏感和分析技巧展現出智慧。

應對要點是：沒有想清楚或者沒有事實為根據，不要輕易跟他們探討和交流，因為這樣只會換來他們的不屑一顧和嗤之以鼻。跟他們交流忌長篇大論和囉嗦，宜言簡意賅，留給他們大量的時間思考。記住，他們是保守的理性主義者，不要抱著畢其功於一役的想法，如果能有真實的案例和周全的資料將事半功倍。

5. 應對社會意識的宣導者

這類客戶就是為了追求成功而存在於世的，他們具有超強的精力，對於成功和讚賞是極其在乎的，為此他們可以放棄一切，甚至包括自己的生命。他們機敏善變，並不總是野心勃勃，被要求時也會適當的作出改變和調整，但是這些都是建立在不能妨礙成功的基礎之上。他們自信心強，是「人定勝天」和「只有想不到，沒有做不到」這些信條的堅定擁護者。

他們的兩面性是：處在負面情緒時，是輕蔑傲慢、支配欲望強烈、積極幹練的野心家；處在正面情緒時，是社會意識的領導者和堅定執行者，滿腔熱情並富於感染力。

應對要點是：如果你是一個沮喪、不振、消極的人，是會被他看不起的。如果他覺得你是值得「指點」的人物的話，也許他會願意以「引導者」的姿態向你說理，這時你就能與之對話，並仔細應對客戶提出的種種問題，以達到銷售的目的。

擔任好客戶的購買顧問

隨著產品的豐富化、同質化，顧客在購買時總是面臨著很多的選擇。而現在一些比如電器類的工業產品，如果沒有一定的專業知識，是很難選擇到適合自己的產品的。而且市面上仍有許多魚目混珠的商品，這就要求顧客在選購時需要有專業人員充當顧問。

如果你想成為一名銷售菁英，就要為顧客做好顧問工作。當顧客對你的產品還不甚熟悉，或顧客想從你口中了解更多產品的情況，這時你就要做好顧客的顧問工作，使顧客對你的產品及銷售說明都感到非常滿意。在你向顧客作銷售說明時，順便告訴顧客應該購買什麼樣的產品，如何去判斷產品的真假優劣等情況。銷售人員可以說：「這個產品很不錯，推薦給您！」「您穿上這種深色的衣服一定很好看。」「這個產品正適合您現在的需求。」等等。

某個旅行社的業務代表和一位準備到南太平洋島嶼度假的顧客談話：「我們旅行社一向盡力讓每一位顧客能充分享受旅行。鑑於您是第一次去南太平洋島嶼旅遊，我們將為您作最好的安排：我們會為您辦好來回的機票以及在那裡的食宿，為您介紹當地的環境，您的假期將是自由自在的。如果需要，我們甚至可以為您物色一名出色的導遊。如果您在度假期間還有需要任何幫助，可以與我們設在當地的顧客服務處聯繫。您如果沒有意見，我們就照計畫行事。您準備休幾天假？ 10 天還是 15 天？」經過如此精心安排，當然能吸引顧客了。因此身為一名出色的銷售人員，要致力於做好顧客的顧問。

為了成功地解決消費者在購買產品時碰到的問題，銷售人員需要全面提升個人能力，成為客戶信賴的業務顧問和諮詢者。

1. 要有積極的態度

   成功首先取決於態度而不是能力。做好顧客的顧問，需要銷售人員保持積極的態度，不斷激發自身的熱情，並始終貫徹在與客戶的交往中。積極的態度不僅是解決問題的前提，也是與客戶建立長期關係的保障。心態積極與否有先天性因素，也受到外在環境和自我激勵的影響。一個銷售人員只有熱愛銷售工作，才會帶著熱忱與客戶相處，並積極為客戶提供客製化的說明，最終讓客戶獲益，也成就了自己。

2. 要教會顧客正確使用產品

教會顧客正確使用產品是銷售人員的基本要求，但往往會出現這樣的情況，銷售人員把貨賣出去以後就忘了做這件事情。如果顧客不會正確使用產品或者沒有掌握基本的維護知識，這很容易導致消費者對廠商的不滿。處理得好，算是走運，處理不好你會後悔莫及。

3. 為顧客打如意算盤

優秀的銷售員在為顧客作顧問時，她（他）們不但會詳細介紹產品的性能及公司服務，更重要的是她（他）們還會幫助顧客打如意算盤。她（他）們會站在消費者的角度，充分掌握顧客的心理，引導顧客，完成銷售。這往往是銷售菁英與普通銷售人員的區別之處。

五種行之有效的成交技巧

成交是銷售員的根本目的，如果不能達成交易，那麼整個銷售活動也就是失敗的。因此說，成交凌駕一切。要真正贏得客戶以達成交易，即獲取訂單，需要有效的成交技巧。

下面介紹幾種行之有效的成交技巧。

1. 危機成交法

透過講述一個與顧客密切相關的事情，並闡明事情的發生對客戶及周圍的人造成的不良影響，從而讓客戶產生危機感，並最終下定決心簽單。

例如銷售人員可以這樣說：

「張經理，根據報導，該社區上個月內一共發生了 3 起竊盜案！為了避免您的生活發生不必要的麻煩，建議您立即安裝防盜門。」

「王伯伯，最近常有一些無聊的人老是往別人家裡打騷擾電話，我們電信公司已經採取了一些防範措施，不過為了避免您的生活發生一些不必要的麻煩，我們建議您馬上開通來電顯示，您看如何？」

「李經理，這段時間正是每年的招聘旺季，我們這邊的攤位數量也有限，如果決定得太晚，恐怕會沒有適合的位置，我建議您現在就確定下來，我這邊好幫你安排一個接近入口的最佳位置。」

2. 不確定成交法

心理學有一個觀點：「得不到的東西才是最好的」。所以當客戶在最後關頭還是表現出猶豫不決時，電話銷售人員可以運用這種方法，讓客戶知道如果他不盡快決定的話，可能會失去這次機會。例如銷售人員可以這樣說：

「每年的三、四、五月都是就業博覽會的旺季，我不知道昨天剩下的兩個攤位是不是已經被預訂了。您稍等一下，我打個電話確認一下，稍後我打電話給您。」

「您剛才提到的這款電腦，是目前最暢銷的型號，幾乎每三天我們就要進一批新貨，我們倉庫裡可能沒有存貨了，我先打個電話查詢一下。」

3. 替客戶拿主意成交法

針對某些猶豫不決的客戶，銷售人員應該立即找出客戶對產品最關注的地方，然後自作主張為客戶推薦能夠滿足其需求的產品。

「王先生，如果您是考慮到耐用的話，我覺得這款產品對您來說最適合不過了，因為這款產品是採用專業工程材料製作而成的，既耐高溫又耐腐蝕，您看今天下午我們就派人送到您府上，可以嗎？」

「潘經理，如果您是要保證培訓效果的話，我相信李向陽老師是最適合的人選了，因為李向陽老師有豐富的一線工作和帶隊經驗。您說呢？」

「李總，根據您剛才提到的情況，我建議您先做一期培訓，看看效果，如果您滿意的話，再安排另外的培訓也不遲，您說呢？」

4. 最後期限成交法

明確告訴客戶某項活動的優惠期限還有多久，在優惠期內客戶能夠享受的利益是什麼；同時提醒客戶，優惠期結束後，客戶如果購買同類產品的話將會受到怎樣的損失。例如銷售人員可以這樣說：

「繆子女士，這是我們這個活動在這個月的最後一天了，過了今天，價格就會上漲 1/3，如果需要購買的話，必須馬上做決定了。」

「陸總，這個月是因為慶祝公司成立十週年，所以才可以享受這個優惠的價格，下個月開始就會調到原來的價格，如果您現在購買的話，每盒可以省下 250 元，您需要購買多少呢？」

「張先生，如果你們在 15 號之前報名的話可以享受八折優惠，今天是十四號，過了今明兩天，就不再享有任何折扣了，您看，我就先幫您報名，可以嗎？」

5. 講故事成交法

銷售人員可以透過講一個和客戶目前狀況緊密相關的故事，在客戶聽完故事後，引導其去思考、權衡，從而最終達成交易。

日本保險業有一個叫柴田和子的家庭主婦，從 1978 年第一次登上日本保險業「冠軍」後，連續 16 年蟬聯「日本第一」，她之所以能取得如此好的業績，就在於她善於說故事。針對父母在替孩子買保險時，總是猶豫不決的情況，她總會講一個「輸血」的故事：

「有一個爸爸，有一次駕車到海邊去度假，回家的時候，不幸發生了車禍。這個爸爸被送往醫院急救時，由於情況危急，需要輸血，這時兒子勇敢地站出來，將自己的血液輸給了爸爸。」

「過了大約一個小時，爸爸醒了，兒子卻心事重重。旁邊的人都問那個兒子為什麼不開心，兒子卻小聲地說：『我什麼時候會死。』原來，兒子在輸血前以為一個人如果將血輸出去，自己就會死掉，他在作決定前已經想好了用自己的生命來換取爸爸的生命。」

「您看，做兒子的可以為了我們做父母的犧牲自己的生命，難道我們做父母的為了孩子的將來買一份保險，都還要猶豫嗎？」

故事成交法的關鍵在於銷售人員平時在生活中要做一個有心人，處處留心，用心收集各類故事、新聞等。

銷售菁英必知的售後指南

持續聯繫客戶、做好售後服務工作，會帶給顧客非常好的購物體驗，能夠進一步增進感情、為下一步合作打下基礎。所謂售後服務，就是在商品售出以後所提供的各種服務活動。從銷售工作來看，售後服務本身同時也是一種促銷手法和維繫客戶的方法。銷售人員要採取各種各樣的手法，透過售後服務來提升銷售工作的效率及效益。

售後服務對客戶而言是必要的

凡是銷售員一般都有這樣的一種想法：一旦成交，就盡快告別客戶，否則與客戶的進一步溝通可能導致客戶產生新的疑慮。不過，許多情況下有些細節必須予以闡明，諸如交貨的時間以及購買條款等等，銷售員就這些細節內容與客戶達成共識也很重要。

如果決策人必須和另一個人一起商議購買，而此人又不在現場時，你則要提供一些額外的以供評判的依據，以力求符合那個不在場的決策人的心意。這有一些幫助你的追蹤服務能更有效地發揮作用的建議：

1. 核查訂貨：在發貨前，你應該對貨品來源、該在何時發貨為宜等事項予以核查，讓客戶了解有關自己為其所訂貨物而做的準備工作是否合理，這通常會令客戶感到格外滿意。
2. 主動詢問：你應當主動向客戶詢問，而不應等客戶來找自己。如果等著客戶來找自己，那麼你只會聽到非常滿意或是非常不滿意這兩種類型的回饋。積極地進行售後服務與否，會令客戶購貨後的滿意程度出現很大的差別。
3. 提供必要的輔助：如果方便的話，你應該安排一次售後服務性質的會面，以便向客戶提供一些必要的協助，諸如啟動設備，指導如何使用等等。如果該客戶是位經銷商，你還可以提供某些有助於其經銷交易的說明。這種服務性的拜訪具有兩點好處，一是為下次會面做了鋪墊，二是為下一次銷售奠定基礎。你可能要指導客戶本人如何使用該產品，也可能還要確保產品是在正確的情況下成功安裝。為此，你要在場親自指導。這樣一來，你還可能會發現客戶從自己這裡所購買的並非能完全滿足他的需要，這樣就能立即藉此向其提出另外訂貨的事宜。

4. 反覆確認：你做售後服務的一個主要的原因，是為了減輕與買主在認知上的不協調之處。每一次購買時，買主都會考慮他的決策到底對不對；而你就是要使買主認識到其購買的合理性，這應展現在確定成交之後的溝通中，並透過售後服務性的拜訪，使買主徹底地深信他的購買決策是正確的。

   為了減少產生摩擦的可能性，你應該做到以下這幾件事：可以向客戶提供某些新資訊，以促使其落實購買決策；向他提供以前未有的額外的好處；還要寫一封信，表明自己是多麼高興將與他們成為生意夥伴，以及他們的決策是多麼的明智。透過這些措施，來使客戶意識到你的確很關心他們，就能為下次交易奠定了基石。能夠和客戶保持聯繫的銷售員，都很可能得到第二次生意和更多的配額。
5. 允許客戶提反對意見：在售後服務性的拜訪中，你應允許客戶對自己所提供的產品或服務提出反對意見。這樣做有兩個好處：一是講出問題有利於挑明分歧之處，使客戶感到更踏實；二是如果你自己了解這些問題的緣由，那麼就能及時解決。
6. 更新紀錄：做好追蹤服務的另一個方法是更新客戶的檔案。應注意到客戶產生的變化，這既是為下次拜訪作鋪墊，也除去為了努力記住細節而造成的緊張感。
7. 使客戶有依賴感：售後服務的另一重要方面是要展現你的可依賴性。你必須對客戶信守諾言，並努力確保所有細節都能一一做到，言必行，行必果。這一步驟，將會顯示出一名優秀的銷售員與一名業績平平的銷售員之間的差距。可依賴性是贏得二次生意所需的重要因素，只有從這種感受中客戶才會懂得你是信守諾言和體諒他們的。

售後服務的原則

售後服務是整個物品銷售過程的重點之一。好的售後服務會帶給買家非常好的購物體驗，可能使這些買家成為你的忠實客戶，不但以後會經常購買你的商品，還可以提升產品和服務形象。

做好售後服務，不能只停留在口頭上，更重要的是展現在行動上，具體要做到「三要」和「三不要」。

售後服務「三要」是指服務過程中服務人員要熱情、快捷、專業。

「熱情」就是要態度好，要感謝客戶提出意見和問題，不可不耐煩或焦躁，要帶著微笑面對客戶的不滿和抱怨，使客戶的不滿情緒在服務過程中得以釋放，得到心靈上的滿足。也就是要將客戶的事情當作自己的事情來看待和處理，急客戶之所急，讓客戶感覺到被重視。當然，對於無理取鬧、故意滋事的客戶，也應理性應對，有禮貌而堅決回絕。

「快捷」就是對客戶的疑惑和問題，反應迅速，調查、處理及時，力求第一時間讓問題圓滿解決。不因故推脫搪塞，避免增加客戶的煩惱和不滿。態度再好，如果問無回音，久拖不決，客戶同樣會不滿意。

「專業」就是售後服務人員要內行，要對產品和服務內容非常熟悉和了解，對所發生問題能很快找到原因，能在短時間內使產品恢復運作；對客戶的疑問和求助，用淺顯易懂的語言給予專業的指導和幫助。注意不可用過多的專業詞彙及理論，使客戶更加困惑、不知所措。

現場服務時還要注意要「禮、淨、律」。「禮」即懂禮貌、謙和；「淨」即保持產品和現場的乾淨整潔；「律」是嚴格按照程序處理，講究職業道德，保證服務水準和品質。

售後服務「三不要」是「不要推諉；不要和客戶正面衝突；不要忽視客戶的抱怨」。

「不要推諉」是指不要以各種藉口故意拖延問題的處理，從而增加客戶獲取相關服務和補償的困難，最終使客戶知難而退，自認倒楣，事件不了了之。這在當今服務過程中較為普遍，也大都收到了較好的短期成效。但也嚴重傷害了客戶的感情，降低了客戶的滿意度，極易造成客戶流失。當然，一些不能很快理清責任所在，客戶又堅持其錯誤看法的情況，有時也需要採用靜置處理法，即透過一定時間的緩衝，使客戶認識到其自身問題，最終使問題在雙方都能接受的情況下圓滿解決。但要注意處理的方式，避免產生爭執。

「不要和客戶正面衝突」。服務過程中有時會出現服務人員自恃專家，聽不進客戶意見和解釋，甚至指責客戶的使用過程有問題，使客戶難堪。最終贏了官司，丟了客戶。更為甚者，為了眼前短利，死纏爛打，拒不承認自身問題，致使衝突加劇，很可能造成惡意投訴或為惡意投訴埋下伏筆。

「不要忽視客戶抱怨」。客戶抱怨往往反映平時「看不到，聽不見，想不全」的側面問題，是對產品或服務不滿的一種暗示。如果不能及時回應，很容易發展成市場風險，導致客戶流失，企業市場競爭力下降。

總之，售後服務應該多從客戶角度考慮問題，多從企業的長久發展看問題。只有投入更多力量，才能真正使客戶在使用產品的同時，獲得更多地享受和滿足。

開發新客戶不如多聯繫老客戶

優秀的銷售人員都在售後服務上表現出色。也許你已經完成了整個銷售程序，到了客戶即將簽約的時候了。到了這個時候，客戶可以說是已經被你說服了。但是，一位義大利的政治家馬志尼曾經說過：「勝利的明天要比勝利的前夜更為艱險。」當你獲得一張簽了名的訂貨單，這不過是表示你完成了銷售的初步工作而已。當你獲得一張簽了名的訂貨單，這不過只是代表你完成了銷售的初步工作而已。由於銷售工作是冗長而有連續性的，也就是說，你公司中處理這筆交易的人員，不論是你自己，還是一位助理銷售人員，或是一位工程師，他們需要的時間不會比你和這一客戶談生意時所需要的時間少。只要你的產品的品質稍微差一點，或者服務稍不周到，客戶就可能會中止與你的交易。換句話說，銷售並不是僅僅收到訂貨單就算了事，就可以不管你的客戶與產品日後的情況了。要記住，在銷售工作完成之後，你所需要做的後續工作，比在銷售工作完畢之前還要多。

而一位成功的銷售人員要能夠鞏固自己的客戶群，要時時刻刻記住，留住一個老客戶要比去物色兩個新客戶好得多。

在向客戶銷售時，你首先必須充分研究、了解客戶需求，促使他願意向你購買產品。你應該切記，如果我想為他服務，那你就應當經常研究他使用產品的方法和程序，以及他對於產品的需求。

要記住，沒有一樣產品是十全十美的。當然，產品製造得愈好，其所需要的後續服務工作愈少；但是，一旦客戶需要服務的話，那麼這種服務一定要是最好的。這種工作應該由受過訓練的專業人員負責，並盡可能使用公司製造、經營，或所介紹的最好的零件與材料，力求解決客戶的問題。

與客戶長期保持聯繫

沒有哪一位客戶喜歡被輕視，因此與客戶保持聯繫是必要的。失去客戶的主要原因常常是：銷售員沒有及時追蹤售後情況。

優秀的銷售員總是強調一個原則：「不要忘記任何一個客戶，也不要讓任何一個客戶忘記你。」

銷售不是一件簡單的事情。銷售員的職責是鞏固客戶，這樣才能招來第二次生意。

1. 定期會面接觸：有些客戶只是希望常常看到你。對銷售人員的喜愛，常常也是客戶購買產品的原因之一。有些人對人情世故是很講究的。「我就喜歡到他那裡去買東西，因為他對我十分客氣、尊重，偶爾還願意聽我說話。」當然也有些客戶不在乎能不能見到你，甚至他們不喜歡與銷售人員過分親近。碰到這種人，我們就不要去打擾他。儘管如此，但你仍能向他提供一些可以幫助他的資訊，例如提一些有建設性的建議、提供一下有關市場發展趨勢的資訊、告訴他們最近新的品牌、告訴他們同行中某些人的做法或想法。如果你的態度總是友善、積極，並且願意與他們共享想法，自然無需驚訝於有許多人希望見到你。
2. 電話聯絡：建議你與你最好的客戶每月至少通一次電話，並且每週專門排出一個下午打這種服務電話。當你這樣做了之後，它們為你帶來的好處和機會將使你格外驚喜—你每個月都能得到一些特殊、新穎的資訊，被老客戶介紹來的新客戶會絡繹不絕。

   打電話時，通常要詢問的內容不外乎是產品的品質、使用的效果等等，最多問一問他們對你個人的評價。這類通話的時間不必很長，但要定期執行。這種習慣將會使你得到很可觀的回報。
3. 書面聯絡：你可以和客戶採取幾種書面聯絡的形式。

   A. 寫一張便條。

   B. 每月寫一封正式的信函。

   C. 寄送一些定期的新聞報導。這類的新聞報導可以介紹你自己的經營概況，也可以是你從外界得到的資料，但要印上你們公司的標章，讓對方知道是你寄去的。

   D. 影印報刊的文章，當然你得知道你的客戶對哪方面的文章感興趣。

E. 影印一些簡報寄給你的客戶，當然你也要了解他對哪方面的內容感興趣，或者想和哪些人打交道。

F. 定期寄出一些感謝卡、生日祝賀卡、週年紀念卡，以及一些主要節日的祝福卡。

不可怠慢老客戶

銷售工作很容易被看成以成交作為終結的一次性活動。用這種觀念進行銷售工作，會把每一次銷售都變成孤立的、分割開來的行動，會覺得每次都是從頭開始，因此獲得成功頗為不易。但是優秀的銷售人員卻把銷售工作看作是關係的建立和感情的累積，每一次成交不是一次銷售的結束，而是另一次銷售的開始。這樣的銷售是連續的、不間斷的，昨日的業績為今日的成功奠基，今日的成功為明日的輝煌鋪路。

一般來說，每個銷售人員手中都擁有一批老客戶，這些老客戶無論在感情上還是在交易上都有一定的基礎，因此確保老客戶較之發掘新客戶要容易得多；向老使用者多銷售些產品也比賣給新使用者要容易。有數字表明，80%的生意來自於 20%的老客戶，所以千萬不可怠慢了老客戶。

有些銷售人員一旦交易成功，尤其是獲得對方長期訂單後，便認為這位客戶已屬自己所有，於是鬆懈起來，例如不再嚴格遵守供貨時間；在產品供不應求時，為了獲得更多銷售額，寧可供貨給新客戶，取消應給老客戶的貨；更有甚者，在對老客戶的態度上來個 180°的大轉變，不再像初識時那樣客氣謙恭，而是口氣傲慢，這些都會嚴重傷害老客戶的感情。

成交前的進攻固然艱難，成交後的關係維持則更加考驗銷售人員的智慧。切不可把老客戶視為自己的囊中之物，以為一朝擁有便關係永存。殊不知，恩愛夫妻尚有感情破裂之時，何況交易夥伴？對老客戶稍有怠慢，就可能使雙方關係破裂，導致合作失敗。很多時候老客戶提出終止合作關係，常是因為被銷售人員傷了感情。我們要知道，銷售中沒有絕對的「勢力範圍」，競爭對手從來不會對因為這是別人的客戶就識相的繞路，反而會千方百計尋找一切機會挖走別人的客戶。因此，如果在服務方面怠慢老客戶，恰恰是讓競爭對手有機可乘。從長遠看，業務關係比銷售額對銷售人員更重要。任何情況下都要首先考慮確保已有的業務關係。可以說確保老客戶是銷售活動的基礎。

確保業務關係和老客戶，最簡單的方法是不忘記他們，並讓他們感受到這一點，可採取定期回訪、書信問候等方法。總之，對老客戶應多花點精力，在服務上應更殷勤、周到，在供貨時間、數量和產品品質上應更有保證。

銷售是從售後服務開始的

不論銷售什麼產品，如果不能提供良好的售後服務，就會使努力得來的生意被競爭對手搶走。贏得訂單，固然是銷售工作的一個圓滿「結束」，但從長遠看，這只是一個階段性的結束，不是永久的、真正的結束，反而是拓展推銷事業的「開始」—開始提供長久的、良好的售後服務。

任何一家企業都有兩類客戶：暫時的客戶和長久的客戶。前者因各種原因而嘗試選擇購買某種產品，後者則傾心於某一產品及生產這一產品的企業。每一位客戶最初都是暫時的客戶。真正的推銷不僅在於爭取更多人為自己暫時的客戶，更在於把暫時的客戶變為長久的客戶並保持住長久的關係，做到這一點的關鍵在於售後服務。

如今人們買產品，同時也買服務，而且售後服務的好壞已成為人們對某種產品購買與否的重要考慮因素，因此良好的售後服務是銷售成功的保證。不僅如此，它對於樹立企業形象也起到很大的作用。美國 IBM 公司總裁沃森

(Thomas John Watson)為該公司提出的目標是「要在為使用者提供最佳服務方面獨步全球」。他要求公司高層的助理在任職三年內只做一件事，就是對客戶提出的每一條意見必須在 24 小時內予以答覆。一次，美國喬治亞州亞特蘭大市一家使用者的電腦出了毛病，該公司在幾小時內就從世界各地請來八位專家進行會談，及時解決了問題。IBM 公司堅持「客戶至上」的做法一直被傳為美談，也使它在激烈的市場競爭中保持其產品的市場占有率高達 80%的良好業績。

有些企業認為只有產品出現問題後才有售後服務，所以多在「可退換貨」、「終身保固」、「產品投保」等上做文章，其實如此理解售後服務是簡單而片面的。若想真正留住客戶，就不能一味地把眼睛盯在商品上，而應該把心放在客戶身上。

成交並不代表銷售的結束

許多銷售員都認為成交意味著銷售的結束，以為成交了就等於畫上了一個圓滿的句號，萬事大吉。實際上並非如此。

世界知名的銷售員從來都不會把成交看成是銷售的結束，喬．吉拉德曾經說過：「成交之後才是銷售的開始。」

銷售成功之後，吉拉德需要做的事情就是，將那些客戶及其與買車子有關的一切資訊，全部都記進卡片裡面；同時，他對買過車子的人都寄出一張感謝卡。他認為這是理所當然的事。所以，吉拉德特別對買主寄出感謝卡，買主對感謝卡感到十分新奇，以至於印象特別深刻。

不僅如此，吉拉德在成交後依然站在客戶的一邊，他說：「一旦新車子出了嚴重的問題，客戶找上門來要求修理，有關修理部門的工作人員如果知道這輛車子是我賣的，那麼他們就應該馬上通知我。我會立刻趕到，我一定讓人把修理工作做好，讓他對車子的每一個小地方都覺得非常滿意，這也是我的工作。沒有成功的維修服務，銷售也就不能成功。如果客戶仍覺得有嚴重的問題，我的責任就是要和客戶站在一邊，確保他的車子能夠正常運行。我會協助客戶要求進一步的維護和修理，我會和他一同向那些汽車修理技工、經銷商、經銷商爭取。無論何時何地，我總是要和我的客戶站在一起。」

吉拉德將客戶當作是長期的投資，絕不賣一部車子後即置客戶於不顧。他本著來日方長、後會有期的意念，希望他日客戶為他不斷介紹親朋好友來車行買車，或客戶的子女已成長者，而將車子賣予其子女。賣車之後，總希望讓客戶感到買到了一部好車子，而且能永世不忘。客戶的親戚朋友想買車時，首先便會考慮到找他，這就是他銷售的最終目標。

車子賣給客戶後，若客戶沒有任何聯繫的話，他就會試著不斷地與那位客戶接觸。打電話給老客戶時，開門見山便問：「以前買的車子情況如何？」通常白天打電話到客戶家裡，來接電話的多半是客人的太太，她大多會回答「車子情況很好」；他再問，「任何問題都沒有？」順便向對方示意，在保固期內將該車子仔細檢查一遍，並提醒她在這期間送到這裡是免費檢修的。

吉拉德說：「我不希望只銷售給他這一輛車子，我十分愛惜我的客戶，我希望他以後所買的每一輛車子都是由我銷售出去的。」

「成交之後仍要繼續銷售」，這種觀念使得喬．吉拉德把成交看作是銷售的開始。喬．吉拉德在和自己的顧客成交之後，並不是把他們拋諸腦後，而是繼續關心他們，並恰當地表達出來。

喬．吉拉德每月要給他的 1 萬多名顧客寄去一張賀卡。1 月份祝賀新年，2 月份紀念華盛頓誕辰紀念日，3 月份祝賀聖派翠克日……凡是在喬那裡買了汽車的人，都收到了喬的賀卡，也就記住了喬。

正因為喬沒有忘記自己的顧客，顧客才不會忘記喬．吉拉德。

銷售是一個連續的過程，成交既是本次銷售活動的結束，又是下次銷售活動的開始。銷售員在成交之後繼續關心顧客，將會既留住老顧客，又能吸引新顧客，使生意越做越大，客戶越來越多。

平均來說，每位客戶都有大約 250 個與他關係比較親近的人：同事、鄰居、親戚、朋友等等。如果一個銷售員在年初的一個星期裡見到 50 人，其中只要有兩個客戶對他的態度感到不愉快，到了年底，由於連鎖反應，就可能有 500 人不願意和這個銷售員打交道。

不管你對於每天接觸的客戶懷有何種想法都無所謂，重要的是你對待他們的方法。你必須時時牢記，你目前是在做生意；在做生意的時候，無論對方是開了惡意的玩笑，或是對方是你討厭的人，都不能輕易得罪，畢竟他們是有可能將錢放入你口袋的對象。

銷售之後的銷售

當客戶簽訂了購貨合約或買走了某種產品時，就可以說銷售成功了。但這只是「萬里長征的第一步」，真正的銷售才剛剛開始。

售後服務是一次銷售的最後過程，也是再銷售的開始，它是一個長期的過程。大家要樹立這樣一個觀念，一個產品售出以後，如果所承諾的服務沒有完成，那麼可以說這次銷售沒有完成。一旦售後服務很好的被完成，也就意味著下一次銷售的開始，正所謂：「良好的開始等於成功的一半」。

對銷售人員來說，提升業績的祕訣除了經驗、知識、技術之外，還有最重要的一項「擁有許多優秀的準客戶」。

所謂「巧婦難為，無米之炊」，儘管是銷售界的能手，一旦缺乏有力的準客戶，還是不容易維持好業績。反之，即使是資歷短淺的新手，只要擁有許多優秀的準客戶，一樣可以獲得高業績。

為了確保準客戶的數目，必須格外重視售後服務。一般而言，愈是有能力的銷售人員，客戶人數愈多，且都能保持良好的人際關係。這裡所謂的「人際關係」，並非指親密的人際關係，而是指使客戶得到滿足的一種關係。何種關係最能使客戶滿足呢？別無其他，就是周全的售後服務。銷售人員之所以要做好售後服務，說穿了，是希望客戶能為自己介紹新的準客戶，換句話說，做好售後服務，最大的好處在於「客戶會帶來準客戶」。

不願做售後服務的銷售人員，理由大多是不想聽對方抱怨。然而這麼想是自私的事，畢竟客戶買了你的東西，給予你莫大好處，你怎麼可以得了便宜還賣乖呢？此外，若是產品本身確實好，客戶絕對不會埋怨什麼，只有品質不佳的產品，才會導致怨聲載道。如果你不為顧客去做售後服務，豈不表示對產品沒有信心？

一流的銷售人員都深知這個道理，所以他們勤於做售後服務，藉以獲得客戶的信任，並且滿足對方的需求。

客戶一旦獲得滿足，他們就會成為你最有力的事業夥伴，他們會把你產品的好處告訴朋友，甚至還會把準客戶帶到你面前來。於是售後服務就不只是贏得信賴而已，還是幫助自己提升業績的最佳方法。

售後服務既是促銷的手法，又充當著「無聲」的宣傳員工作，而這種無聲所達到的藝術境界，比那誇誇其談的大力宣傳要高超得多！一個銷售員只要善於發掘，就能領略那「無聲勝有聲」的藝術佳境的妙趣。

銷售菁英必知的收款賽局

收回應付帳款是銷售工作中永恆和不變的話題，它是一個企業的老闆衡量一個銷售人員是否合格的重要標準之一。用一句話來概括就是：你千好萬好，沒有收回應付帳款一切白費，能收款才是真理。銷售和應付帳款就像是一條繩上的兩隻蚱蜢。銷售只是一個過程，收回應付帳款才是真正的結果。如果你要想成為一名銷售菁英，就必須重視你的收款效率。因為只有成功收回應付帳款，才算是銷售跑道上的終點。

沒有收回欠款的銷售不叫銷售

在銷售行業內，人們常說回收應付帳款是銷售工作的一半，其中隱含了太多感慨。有銷售，而無收回應付帳款，可能導致企業現金周轉困難，擠占了大量時間、精力和人力成本；對銷售人員來說，勢必也將陷入一個可怕的惡性循環—越賒，欠款越多；越欠，款越難收。一旦銷售人員陷入這個惡性循環，一般很難從中輕易脫身，他們要嘛不斷地被客戶拖欠著應付帳款；要嘛銷售人員冒著失去市場和客戶的風險，強行將欠款從客戶手中收回。

張軍豪是一家服裝公司的銷售人員，工作能力十分突出。一直以來，張軍豪所在的這家公司都把北部的客戶作為企業的經營重點，隨著公司經營決策變化，企業決定向中南部進軍。鑑於張軍豪突出的市場開發能力，企業決定任命張軍豪為中南部的銷售經理，全權負責中南部市場。

憑著一張能說會道的嘴，不到半年時間，張軍豪就簽下了 7 個縣市的訂單，銷售總額超過了 1,500 萬新臺幣。為了牢牢抓緊這些客戶，鞏固住這些新市場，張軍豪先後三次南下，一方面維護客戶關係；一方面理清通路，提升售後服務。前前後後忙了幾個月，終於使公司獲得了較為穩定的市場占有率。

打量著漸漸走上正軌的工作，張軍豪暗想：現在應該可以輕鬆一點了吧？但是讓他沒有想到的是，更嚴峻的考驗還在後面呢！

原來，在合作之初，由於張軍豪將工作的重點全都放在銷售上，雖然合約上規定了應付帳款的收回時間，卻並未對拖延付款的處罰作出實際處分，結果為自己留下了絆腳石。而且為了穩定市場，維繫客戶關係，在催款的時候，他盡量好言說服，不敢急於催收，怕對方惱羞成怒。結果這種做法更加助長了客戶的氣焰。

所以，在催收應付帳款時，儘管張軍豪十分賣力地一一向客戶打電話催收，但是那些客戶不是推說工作繁忙，就是乾脆讓張軍豪吃「閉門羹」，連電話都不接。不得已，張軍豪只好再次南下，親自上門催款。這次款倒是收回來了一些，但卻少得可憐，恐怕比南下的路費都多不了多少！

都說好事難成雙，禍事不單行。張軍豪催收欠款陷入了困境，公司的經營也出現了問題。雖然北部市場才是公司的基礎，但是，隨著南部市場的開拓，銷售量的與日俱增，光賒銷給客戶的銷售額比北部市場的 1/3 還多。但是，收回的應付帳款卻連北部市場銷售量的 1/10 都不到。結果，牽一髮而動全身，不但引發了企業資金緊張的問題，使得產品開發經費遲遲不能齊全，更是影響了新產品的正常上市，使企業不得不放慢發展的腳步。

銷售離不開收款。雖然說銷售很重要，不但可以讓產品迅速占領市場，還可以增加銷售量。可是要是沒有欠款的順利回籠，就算你銷售再多的貨都毫無任何意義，甚至是銷的越多，賠的也越多。所以說，銷售與收款，就相當於一個人的兩隻手，要想把一個動作做得協調，做到優美，就要兩隻手都動起來，相互配合才能和諧。

欠款回收得好不僅對企業有好處，如果僅僅把它看成是為企業而結款就是大錯特錯了。實際上，收款對銷售人員的重要程度只在企業之上不會在其下。也就是說，無論是哪一家企業，都是將欠款的回收率作為考核標準的，假使你真的未能拿回貨款，又怎麼期望企業對你有所獎勵呢？事實上，沒有拿回欠款，你就不可能完成銷售任務；欠款拿不回，呆帳、死帳問題就會變成你擺脫不掉的魔咒；欠款拿不回，你又有什麼作為升遷加薪的資本呢？

提升自身能力，有效率的收款

每逢年末又到企業結算的時候，一年經營的好壞總該有個說法，對圍繞銷售工作的市場占有率、銷售額、應收帳款回收率等各項指標進行考核，於是銷售部開始發出一道一道的指令，考核指標也層出不窮，然而最讓銷售人員頭疼的指標是年終的應付帳款回收率，畢竟一年的辛苦全指望年底，如果收款情況不好，年終獎金泡湯不說，弄不好一年下來功勞苦勞全都是零。因而針對年終的收款，各銷售人員也是絞盡腦汁，使出渾身解數來達成年終的收款任務，由於方法各不相同，能力有差異，最終是幾人歡笑幾人愁。

對銷售人員來說，收回欠款的過程就是在和客戶進行較量與競技，只有當你擁有了超強的銷售素養，才能夠為最終拿回欠款打好基礎。

如果你想要提升成功回收欠款的機率，就必須從各個方面提升自己的綜合素養。一般來說，既要不斷地提升自己的心理素養，還應該不斷學習關於收款的各種知識以及學習和掌握多種切實可行的收款技巧。唯有如此，收款之路才能變得通暢。那時，即便是你遇到再難纏的客戶，也能夠從容應對，並最終實現欠款的有效回收。

1. 建立正確的心態。

   銷售人員欲收款成功，首先必須始終保持正確和積極的心態。業務人員應該記住：你的口氣、你的意志、你的感覺、你的行為、你的努力，都是心態的反映。心態正確，收款才會積極。假如銷售人員對收款工作缺乏正確的心態，也就是說，沒有真正了解收款的意義和目的，要想取得最好的成績是不可能的。

   建立正確的心態還要樹立起高度的自信。高度的自我肯定可以帶來收款成功，自卑則往往會導致收款失敗。一般來講，銷售菁英都具備高度的自我肯定—信心十足，他們對自己成為行業翹楚深具信心，非常重視「成果導向」，他們對工作、服務都非常投入，所以他們的收款績效永遠遙遙領先。關鍵在於把收款工作當作是一件很快樂的事情去做。這種快樂、積極態度是高度自我肯定的具體表現。

2. 擁有豐富的知識。

一名銷售菁英不僅要有非常好的心理素養，更要有豐富的知識量。在現今的市場上，光憑伶牙俐齒和能說會道已經很難打動客戶的心了。所以，你必須每天不斷地學習新的知識，並不斷地提升自己的業務技巧。

那麼，銷售人員應該提升哪些方面的知識和技能呢？

1. 積累豐富的經濟知識。

債務往來大多數都是經濟往來，銷售人員應當具備豐富的經濟知識，如經濟管理、市場銷售、財政、稅收、會計和金融知識等。

銷售人員要時刻注意市場的變化，注意收集市場的各種資訊，所以，經營管理、銷售、市場採購等方面的知識對收款人很有幫助。只有多方面地了解市場行情，銷售人員才能客觀、準確地了解對方的情況，才能正確地維護債權人的利益。例如，當市場情況發生變化之後，債權人的需求可能隨之變化。如果銷售人員具備這方面的知識，他就會針對市場變化的情況和對方的具體情況，與欠款人商討是否對原債務合約進行修改、補充或者乾脆重新簽訂債務合約，以保障能夠成功地收回欠款。

具有豐富的經濟知識的銷售人員，會根據他的收款目的，全面利用他所掌握的相關知識。當欠款人存心賴帳或故意拖欠時，銷售人員透過了解欠款人的具體經濟狀況，和其所在地銀行進行協商，請求銀行直接劃帳，從而解決雙方債權債務。同樣，銷售人員也可以和欠款人所在地的財政、稅務部門磋商，以取得他們的支持，確保欠款的及時收回。

2. 學習基本的法律知識。

收款是平等的個人或是公司法人之間的行為，其本身也是一種民事法律行為，所以，法律知識對收款十分重要，可以說沒有法律知識根本無法正確地進行收款行為。

法律知識是銷售人員必備的基礎知識，只有具備法律知識的人才能使其收款行為有理有據，合法有效。缺乏法律知識的銷售人員，其很多行為都是盲目、沒有法律依據的，這就使得一部分運氣好的人能成功回款，大部分人則空手而歸，而有些人不僅沒有收回欠款，反而使自己身陷囹圄。

然後，學習銷售理論、通路管理、促銷等方面的知識；

最後，掌握與客戶有關的綜合知識。只有從這幾方面提升自己的知識量和工作技能，我們才能做到在催款過程中得心應手，應付自如。

3. 廣結人緣。

所謂廣結人緣，就是在銷售和收款過程之中有計畫的和相關人員建立如膠似漆、長相往來的親密關係，並使對方對你產生好感的一種行為，最終目的當然是增進收款績效和再創新業績。據有關調查顯示：銷售人員收款績效的優劣，與他對人際關係的重視以及受歡迎的程度成正比。

在收款過程中，銷售人員必須做到廣結人緣，跟周圍的所有相關人員建立良好的關係。這樣才能更有利於應付帳款的回收。如何才能與周圍的所有相關人員建立良好的關係呢？應該注意以下兩點：

A. 經常問候承辦人：這個過程很簡單，每次去拜訪顧客的同時也要問候承辦人。當確定和掌握了對付款有影響力的人員之後，要盡力滿足對方的需求和期望，盡量減少其抱怨的問題，並且經常了解其對本公司服務態度的反應、產品使用的意見以及期待本公司改進的地方。

B. 禮數周到：禮數周到這一點很重要，銷售人員面對客戶時，只有以禮相待，才能讓對方喜歡你、認同你，收款時自然就會變得比較容易。

4. 鍛鍊靈敏的感知能力。

銷售人員需要培養自己靈敏的感知能力。如此才能獲得豐富的資訊，發現新的機會，從而使收款行為得以順利進行。每個人都是在實踐中豐富自己的感知能力的，銷售人員也不例外。如何培養自己靈敏的感知能力？銷售人員怎樣才能具有較強的職業感知能力呢？這就要求其在實踐中從以下方面著手。

首先，注意觀察。銷售人員必須養成勤於觀察、善於觀察的習慣，尤其是要觀察與欠款人有關的一切人和事。其次，不斷實踐。銷售人員應當不斷實踐，以豐富自己的經驗。再次，總結經驗。銷售人員在總結經驗的基礎上不僅要為自己創造更多的實踐機會；同時還應當為自己創造更多的參加社會經濟生活的機會，以使自己對債務的產生、變更等有更加直接的感受。

5. 具備較強的語言文字能力。

如果銷售人員具有較強的語言文字能力，那麼他在和欠款人的交涉過程中就能夠準確、全面地理解其話語的意思，了解他的真實意圖。銷售人員掌握了欠款人的態度和意圖，就能迅速地採取相應措施，使收款行動獲得成功。

銷售人員的語言文字能力是與他的思辨能力緊密相聯的。縝密的思維必須建立在較強的語言文字能力的基礎之上，語言是人們進行思考、交流的工具。語言文字能力較強的人才能準確地理解詞語的含義、概念的內涵與延伸以及它們之間的內在聯繫和邏輯關係，從而使其思維清晰、嚴密。

6. 學會穩定的情緒控制。

產生情緒的原因是客觀現實和人的需求之間產生矛盾。人的情緒極其複雜，各種情緒都會引發積極或消極的效果。銷售人員應當學會用正確的方法控制自己的情緒，以免產生消極的效果。收款是一個複雜的過程，在多變的環境中，各式各樣的客觀事實隨時都有可能誘發銷售人員產生激烈的或消極的情緒，從而阻礙收款的順利進行。因此，銷售人員應當時刻保持穩定的情緒，要學會調節，使自己處於平靜、沉著的心境之中，以便在整個收款過程中能夠穩紮穩打、步步為營地和欠款人進行交涉，最終達到使其清償債務的目的。

總之，要順利回收欠款，同時與客戶們保持高品質的合作關係，銷售人員要從努力提升自身的水準做起。唯有如此，才能夠在催款的過程中始終占據主動，贏得客戶的尊重與合作。

學會催收欠款的技巧

收款是銷售人員最根本的任務，最基本的任務。解決好這個問題，才能在市場上得心應手的工作。

如今，很多公司都對銷售人員做了職前培訓，這些職前培訓大部分都是產品專業知識、市場知識、推銷方面的知識，而對收款方面的知識和多種收款技巧的培訓卻很少，所以當銷售人員去收款時難免就會遇到問題，遇到難題自己沒辦法處理，收款績效自然就不會好。

俗話說，「工欲善其事，必先利其器！」在當今激烈的商戰中，銷售人員在企業中達到了打頭陣的作用。如果銷售人員缺乏催款所必需的素養和技巧，就如同派遣未經訓練的士兵去打仗一樣，最終，很難避免大敗而歸的結局。

當銷售人員去跟客戶催款時，肯定會受到客戶的冷言冷語、冷嘲熱諷，他們或許有更多的聽上去無懈可擊的百般搪塞，甚至也有讓銷售人員不寒而慄的蠻橫強硬的言詞。總之，各種難以想像的狀況都可能遇到，面對如此情形，相信很多銷售人員都會感到無計可施、束手無策。客戶的無理，已經讓銷售人員疲於應付；而催款技巧的缺乏，必將令收款過程飽受折磨。

某電子公司的業務員王志翔，以前總是嘻嘻哈哈，這兩天卻變得沉默寡言了，而且還時常唉聲嘆氣，愁眉不展。就連和別人說話時，也總是顯得心不在焉。

王志翔究竟碰到了什麼煩心事呢？

原來，馬上到月底了，公司又該考核業績了，但王志翔的收款任務還差幾萬左右未完成。原本有家客戶有筆 20 多萬的欠款，正好這個月到期，若能收回來，這個月的任務也就不用愁了。可是一連打了好幾個電話，自己也親自往客戶那裡跑了好幾次，就是沒有一點進展。這成了王志翔很大的一塊心病。

王志翔的好朋友一同事李育聖，問他是怎麼回事。王志翔於是向李育聖講述了最近兩次收款的經歷。

第一次去收款，到了客戶那裡，王志翔找到對方的財務經辦，說明來意。對方告訴他：「真不巧，我們經理剛剛出去，沒有經理的簽名，是不能結帳的。」王志翔對財務經辦說：「沒關係，那我在這裡等你們經理吧。」

對方說：「你要等隨你，不過也許我們經理今天不回來了，要不改天你們電話約好了再來吧。」

果然如此，王志翔一直等到下班也沒有見到經理回來。只得心灰意冷地先回公司再做打算。

心有不甘的王志翔第二天又去了客戶那裡。不過，這次他先打了一個電話，確定經理確實在公司之後才趕過去的。找到經理，王志翔簡單扼要說明自己的來意一要收回那 20 多萬欠款。經理倒是很乾脆，他馬上叫財務經辦過來立即辦理。但財務經辦卻告訴經理，機器壞了，支票打不出來。

結果，王志翔再次空手而歸，以後又去了幾次，不是因為這事就是那事，就是結不了款。眼見考核時間一天天臨近，王志翔為此真是愁腸百結。

聽完王志翔的敘述，李育聖笑著說道：「小王，不要急，你做業務的時間畢竟不長，對這個工作的一些情況還不是很清楚，要知道，催款這事其實是個需要花心思的工作，光是嘴甜、勤快還遠遠不夠，還得學會一些相關的技巧才能在這一行吃得開，否則就可能被客戶耍得團團轉，到頭來一場空。這樣吧，我幫你想個辦法，保證你的欠款手到擒來。」

於是，在李育聖的策畫和幫助下，那 20 萬元的欠款終於拿了回來。王志翔也因此學會一些應對客戶搪塞的技巧。

為什麼王志翔沒能從客戶哪裡順利收回欠款？很明顯，他根本就沒有找到催款的辦法，也就是說，他在催收方面，毫無任何技巧可言。其實，像王志翔這樣缺乏催款技巧的銷售人員還是很多的。催款的時候，他們大多是漫無目的，心中雖然時時想著收款，但他們卻不知到底用什麼技巧和方法來催收，最後收款失敗也就是情理之中的事情了。

回收欠款是銷售人員的核心工作之一。有人把收款比作是打仗，這是再恰當不過的比喻了。那情形好比你率領著大軍來攻打敵方的城池，兩軍對壘於陣前。要想獲得戰爭的勝利，攻占城池，必然是運籌帷幄於前，奇兵攻打在後。可是如果你缺少必要的技巧，那就無異於自己往敵人設計好的火坑裡跳，還沒開始打仗，你已先輸了一次，長此以往，戰機盡失，到那時再談取勝簡直比登天還難。所以說，只有具備一定的收款技巧，不斷提升收款能力，不斷提升業績，你才可能成為一名銷售菁英。

平常就該管理好欠款

對於每一個銷售人員來說，要保證順利回收欠款，做好日常管理是必須要完成的工作。如果你在平時就沒有進行有條不紊的管理，遇到了問題也不及時去解決，只是想著日子到了去催收，到頭來拿不到錢也就不可避免了。因此，要保證將來能夠輕輕鬆鬆地收款，在收款之前，你必須做好日常的管理工作。

銷售員張智明從事銷售工作已經快五年了，雖說他的銷售業績並不是最好的，卻也是排在銷售部前幾名的。但是在張智明看來，他的銷售工作只是從去年才真正算是步入正軌。

一年前，是張智明在公司的第四個年頭，儘管他十分努力，銷售業績還是很不理想。最讓他頭疼的，還是每個月的收款。因為每一次向客戶催款，總是碰得一鼻子灰回來。偶爾運氣好的話，能夠收到點欠款，但絕大多數情況是「兩手空空去，空空兩手回」。

結果，公司每一次考核，張智明總是排在最後。有一段時間，他感到心灰意冷，真想辭職，從此不再做銷售了。銷售經理陳祈安認為張智明還是有潛力的，極力挽留之下，張智明才決定留下來。

既然決定留下就要有個重新的開始，於是張智明虛心向陳祈安請教收款問題。陳祈安二話不說，滿口答應。接下來的一段時間，陳祈安和張智明一同分析欠款問題產生的原因。最後，他要求張智明先從欠款的日常管理著手，先整理了欠款的源頭，再學習催收的技巧。

於是，為了做好欠款的日常管理，張智明首先開始建立客戶的檔案，做好基礎記錄工作；接下來，將公司客戶根據信用度的不同進行分類記錄，挑選出信用度高的客戶，著重管理；然後按照客戶的信用等級，對信用差的客戶進行突擊催收；對於頑固的客戶，透過法律或其他方式解決欠款問題……

經過這樣一些措施之後，張智明所管轄區域的收款情況大有好轉。半年前，他的應付帳款回收率已經超過了 85%。不但解決了長期困擾他的銷售業績問題，也在一定程度上緩解了公司資金的緊張。

從上面的案例中可以看到，要解決收款問題，必須要從欠款的日常管理著手進行。只有把日常管理工作真正地形成一種制度，並在每天的工作中認真執行，回收欠款也才能變得容易。

那麼，對於銷售人員而言，做好欠款的日常管理工作，要從哪些方面進行呢？

1. 應付帳款賒銷期間的確定

應確定賒銷時間的長短，因為賒銷需要占有企業的資金，而且還要考慮資金的時間價值。現在收到款，和 3 個月後收到相同金額的款，價值是不同的。採取賒銷策略，最終是為了提升經濟效益。應付帳款相當於企業的一項資金投放，是為了擴大銷售和提升經濟效益而進行的投資。而投資肯定要產生成本，這就需要在賒銷所增加的盈利和產生的成本之間做出權衡。只有當賒銷所增加的盈利超過所增加的成本時，才能實施賒銷策略。如果對比表明，有良好的盈利前景，就應擴大賒銷。

賒銷期間，就是允許客戶從購買貨物到付款的時間，也稱信用期間。例如企業允許客戶購買貨物後 50 天以內付款，50 天就稱為信用期間。信用期間的長短，是應付帳款管理控制的一項關鍵因素。如果信用期間較短，不足以引起客戶的購買欲望，無法形成有力的競爭；如果信用期間過長，就加大了成本和貨款收不回來的風險。信用期間的確定，實際上就是對改變信用期所增加的收益和所增加費用之間的分析比較。

2. 實施對應付帳款的追蹤分析

應付帳款一旦成立，企業就必須考慮如何按期足額收回的問題。這樣，賒銷企業就有必要在收款之前，對該項應付帳款的運行狀態進行追蹤分析，重點要放在賒銷商品的變現方面。企業要對賒購者的信用品質、償付能力進行深入調查，分析客戶現金的持有量與調劑程度能否滿足兌現的需求。應把那些欠帳金額大、信用品質差的客戶的欠款作為分析的重點，以防患於未然。

3. 建立客戶檔案，做好基礎紀錄。

在完成客戶的信用評估工作之後，銷售人員應及時地將客戶按照不同的級別劃分開來，建立客戶檔案。根據這些客戶檔案，包括了解客戶付款的及時程度、與客戶建立信用關係的條件、付款時間以及客戶信用等級的變化等，以便採取不同的信用政策。

4. 認真對待應付帳款的帳齡。

一般而言，客戶拖欠帳款時間越長，催收的難度就越大，產生呆帳損失的可能性也就越高。企業必須要做好應付帳款的帳齡分析，密切注意應付帳款的回收進度和出現的相應變化。

實施應付帳款的帳齡管理，務必要嚴格監督客戶的帳款支付進度，並透過帳齡分析的結果，指導業務部門和財務部門的工作，以加速營運資金的周轉。

實施對應付帳款的追蹤管理，重視貨款到期日之前的監控工作，可以減少發生帳款逾期不付的可能性。

總體來說，企業財務管理人員在對應付帳款帳齡的結構分析中，要把過期債權款項納入工作重點，研究調整新的信用政策，努力提升應付帳款的收現效率。同時，對尚未到期的應付帳款，也不能放鬆監管，以防發生新的拖欠。

5. 加強應付帳款的對帳工作。

應付帳款的對帳工作包括兩方面，一是總帳與明細帳的核對，二是明細帳與有關客戶單位往來帳的核對。在實際工作中，往往會出現本單位明細帳餘額與客戶單位往來餘額對不上的現象，這主要是對帳工作脫節所致。銷售人員應定期與客戶對帳，並將對帳情況及時回饋給財務部門。銷售人員可以按其管理的單位設置統計臺帳，對產品發出、發票開立及貨款的回籠依序進行登記，並可以採用銀行對帳單的形式與客戶對帳，並由對方確認，為及時清收應付帳款打好基礎。企業經營者，應將貨款回籠與應付帳款對帳工作和銷售者的業績結合起來考察，使他們意識到不但要使產品銷售出去，更要使貨款能及時回收或使往來帳目清楚，最大限度減少呆帳損失。

6. 對應付帳款的監督和控制。

應付帳款產生後，企業應當採取各種經濟合理的措施回收，拖欠的時間越長，回收的可能性越小，產生呆帳的可能性越大。對應付帳款回收情況監督和控制；主要包括監督回收情況、制訂應付帳款回收政策。

7. 應付帳款回收情況的監督

應收帳款產生的時間有長有短，有的剛剛發生，有的超過信用期限很長時間。特別是有些單位因收款帳戶多，時間長，因此，必須對應付帳款進行細緻的核算和嚴密的監督。定期編制應付帳款帳齡分析表，是一種比較有效的方法。應付帳款帳齡分析表比較直觀，透過這個表格，可以看出有多少帳處在信用期內，有多少帳超過信用期，超過信用期多長時間。

8. 建立呆帳準備制度。

由於商業信用風險的存在，呆帳損失的產生不可能完全避免，即便是銷售人員的信用政策再嚴格也是如此。因此，為了減少呆帳損失，可以透過呆帳損失率，考察應付帳款被拒付的可能性的大小。

當實際呆帳損失率大於預計待帳損失率時，可能是由於銷售人員的信用標準過於嚴格造成的，應及時進行修正；反之亦然。

如果我們能夠做好上述的日常管理工作，將大大降低應付帳款拖欠的機率。只要銷售人員能夠建立完善的日常管理制度，並認真、有效地貫徹執行，不僅可以大大減少欠款問題出現的可能性，而且有利於提升銷售人員催款的成功率。

打電話催款有訣竅

打電話催款是銷售人員常用的一種催款方式，即透過打電話的方式向客戶催討應付帳款。此方法雖然省時省力，但有一些弊端。由於不能見面，難以向客戶施加壓力，哪怕你在電話裡跟對方吵架，但不給錢就是不給，弄不好對方輕易就把電話掛了，甚至對方透過來電顯示根本就不接電話，這樣一來，你的款項就成了呆帳。所以，電話催收雖然是常用的方法，但並不容易。

成功者找方法，失敗者找藉口。催收有方，錢就很好收，反之亦然。收帳成敗的關鍵，同樣在於你的想法、態度、技巧和意志。其中態度最為重要，如果你願意花點心思，學會其中的竅門，上億的帳款都可以很輕鬆地收回來。

某商貿公司欠某服裝廠貨款 125 萬元，經驗老到的服裝廠銷售主管王宸力先生和商貿公司經理李麗萍通了一個電話，就成功地收回了拖欠的貨款。這個電話完全可以成為眾多企業成功收款的電話樣本。

王宸力：「您好！我是王宸力，請問李經理在嗎？」

李麗萍：「王經理啊，您好，我就是李麗萍！」

王宸力：「李經理您最近很忙啊？」

李麗萍：「也是瞎忙，王經理您有什麼事啊？」

王宸力：「我打電話是要告訴您 12 月 1 日到期的、發票編號 10101 的貨款，現在你們還有 25 萬元的帳款尚未付清。」

李麗萍：「是嗎？我沒有印象了啊。」

王宸力：「根據我們的紀錄，你們在 11 月 1 日用編號 111 的訂貨單，向我們訂購了 10 批女式西裝。每一批女式西裝的單價是 12 萬元，再加上每單位 5 千元的運費，所以總金額是 125 萬元。這些貨品的出貨日期是 11 月 1 日，根據我們的送貨紀錄，交貨日期是 11 月 5 日，而且收據是您當場簽的名。」

李麗萍：「哦，我記起來了，可是我一直都沒有收到發票。」

王宸力：「我們的會計已經在 11 月 1 日把發票寄給你們了，並且 11 月 15 日寄出的一封私人信件中也再一次附上了該發票的影本。我現在就可以發傳真，您的電話可以收傳真嗎？我現在就把發票傳真給您。」

李麗萍：「我沒有傳真機。即使有，我們現在也拿不出 125 萬元。」

王宸力：「為什麼呢？」

李麗萍：「現在商貿公司經營不是那麼景氣，我們手上沒有這麼多額外的錢。員工的薪水、國家的稅收、房租這些現在都要想辦法呢。」

王宸力：「那我們公司也要經營啊，你們現在能付多少款呢？」

李麗萍：「我們現在最多能開一張 50 萬元的支票。」

王宸力：「現在有一種分期付款的辦法。您覺得這樣如何？您今天先寄給我 50 萬元，接下來的 5 個月，您每月固定匯給我 15.5 萬元的支票，以支付本金與利息，而我必須在每個月的 5 日以前收到這筆錢。這樣一來，您既可以付清您的帳款，我也不必將這筆款項交給律師事務所處理。」

李麗萍：「哦，我想這也是一個好辦法啊。」

王宸力：「如果您覺得這個計畫有問題，現在我們可以就相關的問題進一步地討論。如果沒有，今天我們就簽份備忘錄，使它成為收帳紀錄的一部分。這個方法已經是最後的讓步了。我想大家都不想為這點錢上法院的，是嗎？」

李麗萍：「是啊，我想我們可以辦得到。」

王宸力：「太好了。我立即寄給您兩份分期付款協議，一份您留下來存檔，另一份請您簽好名字寄還給我。好嗎？」

李麗萍：「好的，再見。」

王宸力：「再見，祝生意興隆。」

透過這個例子可以看出，對一名合格的銷售人員來講，正確地利用電話來實現自己的收款目的是必不可少的技巧。想想看，如果能夠免去上門催款的麻煩，僅僅是一個電話就能解決欠款問題，豈不是再好不過的事情？

所以，身為一名銷售人員，一定要掌握高超的電話催款技巧。

那麼，為了能夠更有效地利用電話向客戶催款，我們應該注意哪些事項呢？

1. 確認金額。在打電話催收之前，首先要核對對方拖欠的明細和確切金額。
2. 選對時間。結婚、搬新家要看吉時，催收也要講究吉時。絕佳的吉時是在對方剛開始上班的一段時間，因為這通常是債務人心情最好的時刻。中午午餐、午休時，不宜進行電話催收。當然，也不必囿於成規。在具體操作中，銷售人員需要透過熟悉對方的習慣，根據實際情況決定。
3. 選對日子。每週星期五是最好的電話催收吉日，因為這時候大家都在期待週末的到來，其次是週四、週二。最不宜催收的日子是週一、週三。
4. 要找對人。一定要找對人，如果債務人常常不在，不妨告訴接電話的人你的目的。對祕書要萬分客氣，否則會平添麻煩。

5. 要說對話。為了避免使債務人產生戒備心理，絕對不要一開始就咄咄逼人，讓對方覺得你認為他是沒有付款能力的人，這樣會傷害對方的自尊心，破壞雙方的良好關係。你越是和藹可親，態度越溫和，欠款收回的可能性就越大。

6. 全心全意。在和債務人商談時，一定要讓債務人知道你全心全意在處理他的問題，不要同時和其他人通話。

7. 溝通良好。溝通能力是有效說服債務人結清欠款的神奇法寶，進行溝通時的小技巧如下：

   A. 模仿對方說話的方式、速度和音量；

   B. 冷靜應對亂發脾氣的客戶，好好安撫對方。良好的情緒管理加上專業的態度是成功的關鍵；

   C. 對於少數亂罵人的客戶，冷靜地告訴對方兩個解決方式：一是跟我們的律師談，二是跟我的老闆談；

   D. 保持理性且友好的態度，這樣得到的反應總比運用非理性且脅迫的態度要好上百倍。

8. 學會閉嘴。沉默是最高明的說話術，成功的催收高手只在必要的時刻才開口，對方說話時要懂得保持沉默。西方有句諺語：「不說話，別人將以為你是哲學家。」你不說話，對方會覺得你高深莫測，肯定不敢低估你，清償的意願就會大幅提升。記住，千萬不要多說無益的話或與客戶產生不必要的爭執，以免贏了面子，失了銀子或者無意中透露了商業資訊。

9. 維護關係。為了收回舊帳，弄得恩斷義絕，這是商場大忌，絕非明智之舉。俗話說「和氣生財」，又說「人情留一線，日後好相見」。如果對方是公司持續往來的客戶，催收時應該小心應對，務必情真意切地對債務人表達尊重、關心，不要為了收回舊帳而傷了彼此多年的商場情誼，因小失大是很划不來的。善加維護與客戶水乳交融的關係，不但可以化解先前的種種不愉快，也為日後的收款工作鋪下了一條康莊大道。

上面所講的 9 個技巧，終歸是淺層面上的工夫，真正決定催收成效的是什麼？是耐心和意志力。

「永遠記住一點，你自己要追求成功的決心，比其他任何事情都重要。」美國第 16 任總統林肯這樣說。這句話的寓意是：不管曾經歷過多少次的失敗、困難或挫折，永遠不要放棄自己所追求的目標，一定要多堅持幾次，直到達到目標為止。

電話催收也應如此，催收講究次數，逮到機會就應該打電話找對方要錢。重心放在次數，而不是結果。這裡銷售人員玩的是一個不在乎有沒有要到錢的遊戲。隨著電話次數的增加，你的成功機率會逐漸上升。所以，當你打電話時，不要過多地顧慮結果，只要多打幾次就可以了。這 —— 招叫做「疲勞轟炸」，效果肯定不錯！

電話催收最重要的還在於耐心，不死心、不放棄，電話一定要打到對方結清舊帳才能罷手。只要你有「良好的心態、不錯的溝通能力和堅持」，就沒有收不回的帳。

上門催收欠款的技巧

上門催討欠款，可能是銷售人員運用得最為普遍的一種催款方式了。因為相對於電話催款和信函催款，上門催討的力度會更大，也能帶給客戶一定的威懾力。同時，它也是雙方之間加強聯繫的主要方式。

銷售人員要直接上門催收欠款，絕不能像「無頭蒼蠅」一般到處亂撞。在上門催討之前，應做好詳細的計畫，並掌握上門催款的技巧和要領。雖說與打電話催款一樣，上門催款也必須要在恰當的時間、找到關鍵的人，但是，上門催款和電話催款是有著很大區別的。

上門之前，銷售人員必須做好充足的準備工作，以便能在催款交涉的過程占據主動。這個過程必須認真、仔細，因為一點點的馬虎都有可能漏掉最關鍵的環節，從而導致整個催款工作的失敗。不僅如此，即便準備工作做得很好，正式上門後，銷售人員也不能說起話來隨隨便便，漫無邊際。

人們常說「好的開始是成功的一半」，這句話是非常有道理的。在上門催討欠款的過程中，和客戶見面之後的開場白說得如何，是非常關鍵和重要的。

張經理在這方面為銷售人員做出了很好的榜樣，來看看張經理是如何面對面地向客戶追討他的應付帳款的吧。

某市一家木材公司（簡稱甲）與某市一家傢俱公司（簡稱乙）簽訂供貨合約。合約中約定，甲按照乙的要求向其提供一批木材，乙在收到貨物後的1個月內將貨款支付給甲。甲如期地履行了合約。但1個月過後，乙並沒有按約定支付貨款。甲多次派人前去催款，乙有時稱老闆不在，不能付款；有時稱會計不在，無法兌帳。後來他們才知道，乙公司是一家私營企業，他們的老闆馬先生身兼會計一職，所以要收款只要找到馬老闆就行。可是他一直避而不見，甲就算知道其中的原因也收不回欠款。

甲公司的張經理是一個精明的人，他知道傢俱公司會去參加一個木材產品訂貨會，所以就再不派人去催款，只等著訂貨會的召開。木材產品訂貨會如期召開，在訂貨會上，張經理不僅要和客戶談新的生意，還要尋找傢俱公司的馬老闆。皇天不負苦心人，在一家參展廠商的展臺前，他覺得眼前這個人很面熟，經仔細確認後，證實此人正是自己尋覓已久的馬老闆。張經理趁馬老闆未認出自己之際，忙讓一名隨行人員和馬老闆假裝洽談生意（馬老闆並不認識隨行人員），然後派另一名隨行人員回廠拿先前與馬老闆簽訂的合約。

這天，張經理為答謝馬老闆在訂貨會上對自己公司的惠顧，邀請馬老闆到該市一家三星級飯店赴宴。馬老闆欣然答應。席間，馬老闆仍未認出張經理。張經理為穩住陣腳，並未立即向其提及雙方的債務關係，而是吹捧馬老闆在事業上取得如何大的成就。馬老闆很高興，一連同張經理喝了好幾杯酒。酒過三巡之後，張經理說及前幾個月雙方曾在業務上有往來，說完便把幾個月前雙方簽訂的合約拿給馬老闆看。馬老闆看後大吃一驚，想溜走，但一看形勢對自己不利，只好乖乖地留下來聽張經理說話。張經理也不為難馬老闆，向馬老闆介紹自己公司最近的情況，並說明自己的公司確實受到資金短缺的困擾，向銀行貸款又四處碰壁，此次收回欠款實屬無奈之舉。張經理還向馬老闆保證，只要馬老闆償還欠款，雙方以後還可以加強合作。張經理的肺腑之言打動了馬老闆，他許諾兩天后還債，並許諾以後繼續和該公司開展業務往來。

馬老闆並沒有食言，兩天後按許諾償還了欠款，同時張經理也因為製造巧遇，從而成功收回欠款而受到公司高層的表彰。

其實，類似的做法也常常被很多銷售人員所使用。他們為了能夠讓客戶多銷貨、不欠款，往往如偵探一般將他們的所有有價值的資訊收集起來並仔細研究，然後投其所好，制訂並實施為客戶「量身訂做」的討債計畫。

看到了吧，上門催款並不是一件簡單的事情呢。它不僅需要詳細而完備的計畫，在此過程中還要掌握必要的程序和技術，要注意以下幾個方面。

1. 必須按時或提前到達。到了合約規定的收款日，上門的時間一定要早，這是收款的一個訣竅。否則客戶有時還會反咬一口，說我等了你好久，你沒來，我要去做其他更要緊的事。
2. 時刻牢記上門的目的。銷售人員拜訪客戶的習慣就是一見到面就急著談生意，這個習慣很不好。拜訪客戶的目的是收回欠款，而不是推銷商品，應該把收回欠款放在各種要解決的問題首位，等到應付帳款結清之後再考慮自己的業績，再與客戶談新的生意。

3. 要算準時機。事先要調查清楚這一欠款人的經營狀況，一旦出現虧損的跡象就要及時收款。欠款人的資金有限，一旦面臨破產，眾多的收款人都會前去收款，要是不找準時機，讓別的收款人捷足先登，就會使自己的欠款成為呆帳。
4. 事先通知。在回收欠款之前，要先用電話、信件或者傳真等方式通知欠款人，確定欠款人或相關負責人到時是否在場，提請對方準備款項。如果收款人沒有事先通知欠款人，他們往往會以「你們怎麼不早一點通知我們呢？我們現在沒有現金」之類的藉口來拖欠貨款。收款人則因為自己不事先通知，而讓自己白白浪費時間、精力。
5. 準備相應的單據。收款之前，收款人一定要將收款專案所涉及的相關發票單據準備好。其中包括交易中的發貨單、收貨單以及交易證明等，讓自己的收款行為有憑有據。如果沒有相關的單據，欠款人會說：「你無憑無據的，我為什麼要付款給你？」這樣只會給欠款人有拖欠的理由，為其贏得更多的時間。
6. 準備零錢。不是每一筆欠款都是整數，很多時候會出現一些零頭，這些不起眼的零頭雖然數目小，但這都是企業的資金，是每一個員工的利益，不能因為零頭數目小就抹掉。所以在收款前，收款人應準備一些零錢，以備不時之需。
7. 應付帳款數目要準確。銷售人員一定要明確應付帳款的數目，如果應付帳款的數目與對方應付帳款的數目不符，則可能少收了欠款，會給公司造成損失；而多收了欠款，會影響自己在客戶心目中的形象。所以，收款數目一定要準確。對於應付帳款的計算不僅要快，而且要準確無誤。只有這樣才能贏得時間，贏得客戶的信賴，進而順利地收回欠款。

8. 計算要迅速、熟練。收款是一種「數字遊戲」，不同階段應付帳款的數目，銷售人員要心中有數。
9. 表現要堅決。銷售人員在收款的過程中要表現出：不拿到欠款，誓不罷休的態度和氣勢。即使是朋友也要堅決做到交情放兩邊，理智擺中間。如果你收款時的表現很積極並一直堅持到底，客戶為了避免麻煩，也不會再耍賴。反之，客戶自然就會欺軟怕硬地使用各種方法來延期付款。
10. 依照規定執行。收款時一定要依照公司的規定來執行，絕對不能私自讓客戶延長還款期限。
11. 留心傾聽。收款人員在旁邊等候的時候，還可聽聽客戶與其客人交談的內容，並觀察對方的情況，也可找機會從對方員工口中了解對方現狀到底如何，說不定你會有所收穫。對於支付貨款不乾脆的客戶，如果只是在合約規定的收款日期前往，一般情況下收不到貨款，必須在事前就催收。
12. 避免爭辯。銷售人員必須牢記：永遠不要跟客戶吵架。因為每個人都愛面子，要給足客戶面子。在收款的過程中，客戶有時會因為一些小事發牢騷、抱怨。此時，銷售人員應該洗耳恭聽，不要跟客戶爭辯，因為在大庭廣眾之下跟他爭辯，他會很沒面子，會另外找出各種理由延期付款。

利用法律合理追討帳款

很多時候，去收款的銷售人員都會聽到這樣的回答：「不是我們不給錢，實在是資金緊張，沒錢可給。就算真的想給你們錢，解決我們兩家的事情，也是心有餘而力不足啊！」

這種話聽起來似乎合情合理，人情、事實擺在眼前，要是再催似乎有些說不過去了。實際上不然，只要你仔細推敲，就有希望取得突破性進展。

事實上，如果對方的話屬實，那麼討債人應該考慮一下，在什麼地方可以幫助他，雙方協商解決債務上的問題，然而很多時候，對方的話純粹是拖延債務的藉口。因此，判斷其話是否屬實是關鍵，知己知彼，方能百戰百勝。下面我們看看別人怎樣巧妙的利用各種手段，達到追討債務的效果的。

某農場向某紡織廠提供價值 200 萬元的優質棉花。雙方在合約中規定：由某農場負責棉花的運輸事宜，貨物運到之時立即支付 50%的貨款即 100 萬元，3 個月內再付清餘下的貨款即 100 萬元。不得違約，如若違約需支付一定的違約金。

可是付款的期限過了，雙方的 100 萬元欠款仍杳無音訊，雖數次致電催討，對方以無力償還為由拒付，農場現在急需大批流動資金購入生產原料，對方不還錢無異於雪上加霜，農場主人王某召開緊急會議，商量對策，最後決定起訴某紡織廠。

某法院對此案受理審查，不久判決要求某紡織廠立即歸還所有欠款和違約金。但紡織廠仍然以無力還債為理由拒付。農場請求法院強制執行，法院派人調查了紡織廠的銀行帳戶，裡頭只有 10 萬元餘額，法院要求銀行將這 10 萬元劃歸某農場。

某農場只領到 10 萬元欠款，農場主王某不甘心就這麼白白便宜了債務人，而且不相信紡織廠真的還不了債，懷疑債務人有可能另有財產。於是王某派出得力助手公關部的老張負責調查此事。

老張受命在身，對此事精心策劃。先選了一些信得過的精明能幹的員工幫忙，每一個環節都仔細思索，以求沒有絲毫漏洞。

老張親自去與紡織廠的業務負責人拉攏關係，收買內線；另派出一部分人分別跟蹤尾隨紡織廠的廠長和財務人員。

花了一段時間調查後終於水落石出，各方面回饋的資訊說明：某紡織廠設有幾處祕密帳戶，分別在三家不同的銀行，估計總額逾 400 萬元。

老張立即把這些情況和證據向法院反應，請求法院強制執行。法院經過調查求證，得知證據確鑿，便依法執行，要求某銀行將 90 萬元欠款和違約金劃歸某農場。

至此，100 萬元欠款和違約金終於追討回來。

農場主王某大喜，大大犒賞了老張和催債人員。

法律永遠是正當的討債行為，是可以有效利用的重要工具。在前面的實例中，農場方面利用各種人員做「間諜」，摸清了對方的底細。在法律的威嚴面前，債務人不得不臣服，將欠款如數歸還。

催收帳款因人而異

「生意好做，欠款難回」，這是很多企業面臨的問題。但是再難也要回，因為沒有收回欠款，銷售人員就沒有了下一次銷售的機會。有人生動的比喻：沒有收回欠款的銷售是失去靈魂的軀殼，而行屍走肉是無法生存太久，也無法進行下一次輪迴的。我們常常看到這樣的情況，銷售人員勤勤懇懇做分銷，到了月底看銷售業績的時候卻沒有交出讓公司滿意的答卷，究其原因是其管轄區的客戶沒有還款。

當前，很多企業把收回欠款視為銷售人員績效考核的重要指標之一。為了能夠更加順利地向客戶催款，我們可以將客戶分成以下幾種類型。銷售人員掌握了客戶的這幾種類型，便可以提早制訂適當的催款方案，以實現順利催款的目的。

1. 合作型客戶：總體來說，對這類債務人的策略核心可以用 4 個字來概括，即互惠互利。這是由合作型債務人本身的特點所決定的。他們最突出的特點是合作意識強，與他們交易能給雙方帶來皆大歡喜的滿足。

   A. 假設條件。假設條件策略就是清債過程中向債務人提出一些條件，以探知對方的態度。之所以為假設條件，就是因為這僅僅是想要弄清對方的意圖。條件最終有可能成立，但在沒有弄清對方的意圖之前，它僅僅是一種協商的手法。假設條件策略比較靈活，使用得當可以使收款在輕鬆的氣氛中進行，有利於雙方在互利互惠的基礎上達成收款協定。銷售人員可以說：「假如我方再供貨一部分，你們前面的款還多少？」「每月還款 50 萬，再送 2 噸棉紗怎樣？」需要指出的是，假設條件的提出要分清階段，不能沒聽清債務人的意見就過早假設，這會使債務人在商量之前就氣餒，或使其有機可乘。因此，假設條件的提出應建立在了解了債務人的打算和意見的基礎之上。

   B. 私下接觸。即債權企業的清債人員或銷售人員有意識地利用閒暇時間，主動與債務人一起聊天、娛樂的行為，其目的是增進了解、聯絡感情、建立友誼，從旁促進清債的順利進行。

2. 虛榮型客戶：愛慕虛榮的人的特點是顯而易見的，他們的自我意識比較強，喜歡表現自己，並且對別人的評價非常敏感。面對這種性格的債務人，一方面要滿足其虛榮心，另一方面要善於利用其特點作為跳板。

   A. 選擇合適的話題。一般而言，與這類債務人交談的話題應當選擇他熟悉的事物，這樣效果較好，一方面可以為對方提供自我表現的機會，另一方面還可能了解對方的愛好和有關資料，但要注意到虛榮型債務人的種種表現可能有虛假性，切勿上當。

B. 顧全對方面子。愛慕虛榮的人當然非常在意自己的面子，否則也不會是愛慕虛榮的人了。催款人應當顧全對方的面子。索款可事先委婉提出，在人多或公共場合盡可能不提，這樣可以滿足其虛榮心。激烈的人身攻擊多半會令這種人惱羞成怒，所以應該盡量避免。要多替對方設想，顧全他的面子，並且讓對方知道你從哪些方面維護了他的名譽。當然，如果債務人躲債、賴債，則可利用其要面子的特點，與其針鋒相對而不顧情面。

C. 有效制約。虛榮型客戶最大的缺點就是浮誇。因此催款人應有戒心，不要被對方的誇誇其談唬住。為了免受其害，在清債談話中，清欠者應該對虛榮型債務人的承諾做紀錄，最好要求他本人以企業的名義用書面形式表示。對達成的還款協定等等應及時立字為據。要特別確認違約條款，以防他以種種藉口否認。

3. 強硬型客戶：從其性格特點來說，這種人往往態度傲慢、蠻橫無理。面對這種債務人，寄希望於對方會主動清債是枉費心機，要想取得較好的清債效果，需要有所謀略。整體的思考方向是，避其鋒芒，設法改變其認知以達到保護自己利益的目的。具體策略則有以下幾種：

A. 沉默。這種應對策略講究對債務人心理及情緒的掌握。它對態度強硬的債務人是一種有力的清債手法。上乘的沉默策略會使對方受到心理打擊，造成恐慌和不知所措，甚至亂了方寸，從而達到削弱對方力量的目的。沉默策略要注意審時度勢、靈活運用，如果運用不當，效果會適得其反。如一直沉默不語，債務人會認為你是懾服於他的恐嚇，反而增添拖欠的信心。

B. 軟硬兼施。這種策略是清債中常見的策略，而且在多數情況下能夠奏效。因為它利用了人們避免衝突的心理弱點。如何運用此項策略呢？首先將清債人員分成兩部分，其中一部分成員扮演強硬型角色即黑臉，黑臉在清債的初始階段起主導作用，另一部分成員扮演溫和型角色的即白臉，白臉在清債某一階段的結尾扮演主角。在與債務人接觸過一段時間並了解其心態後，由擔任強硬型角色的清債人員毫不保留地、果斷地提出還款要求，並堅持不放，必要時甚至可以威脅或者依據情勢，表現出爆發式的情緒行為。此時，承擔溫和型角色的清債人員則保持沉默，觀察債務人的反應，尋找解決問題的辦法。等到氣氛十分緊張時，由溫和型角色出面緩和局面，一方面勸阻自己的夥伴，另一方面也平靜而明確地指出，這種局面的形成與債務人也有關係，最後建議雙方作出讓步，促成還款協議或者要求債務人立即還清欠款，放棄利息、索款費用等要求。

當然，這裡還需注意，在清債實踐中，充當強硬型角色的人在耍威風時應緊扣「無理拖欠」的事實，切忌無中生有，死纏爛打。此外，兩個角色的配合要有默契。

4. 陰謀型客戶：這類型的債務人首先就違背了互相信任、互相協作的經濟往來的基礎。他們常常為了滿足自身的利益與欲望，利用詭計或藉口拖欠債務。對付這類債務人，策略永遠是最重要的。

A. 反車輪戰術。所謂車輪戰術，即債務人抱著讓催款人筋疲力盡、疲於應付以迫使催款人作出讓步的目的，不斷更換洽談人員應對催款人的方法。對這種債務人，催款人需要從以下幾個方面加以遏制：

a. 及時揭穿債務人的詭計，敦促其停止車輪戰術的運用。

b. 對其更換的工作人員置之不理，可聽其陳述而不多回應，挫其銳氣。

c. 對原經辦人施加壓力，採用各種方法使其不得安寧，以促其主動還款。

d. 尾隨債務企業的負責人，不給其躲避的機會。

B. 兵臨城下。所謂兵臨城下，原本就有威脅逼迫的意思，這裡也正是引用這一層涵義。通常是催款人採取大膽的脅迫方法，這一策略雖然具有相當的冒險性，但對陰謀型的債務人往往能達到很好的效果。因為債務人本來就想占用資金，無故拖欠，一旦其目的被識破，其囂張氣焰必然會受到打擊和遏制，這時催款人員就可以趁熱打鐵迫使其改變態度。例如對一筆數額較大的貨款，催款人企業派出 10 多名清債人員到債務企業索款，使其辦公室裡擠滿了催款人企業的職員。這種做法必然會迫使債務人企業盡快還款。

5. 固執型客戶：固執型債務人最突出的特點是堅守自己的觀點，對自己的觀點從不動搖。對付這類債務人的策略如下：

A. 試探。所謂試探，其目的就是為了摸清對方的底細。在清債活動中，試探多是用來觀察對方的反應，以此分析其虛實真假和真正意圖，提出對雙方有利的還款計畫。如果債務人反應激烈，採取對抗的態度，債權人就可以考慮採取其他方式清債（如起訴）；如果債務人反應溫和，就說明還有餘地。當然，這一策略還可以用來試探固執型債務人或談判人的許可權範圍。對權力有限的，可採取速戰速決的方法，因為他是上司意圖的忠實執行者，不會超越上級給予的許可權。在清債商談中，不要與這種人浪費時間，應越過他直接找到其上級談話。對權力較大的固執型企業負責人，則可以採取冷熱交替戰術，一方面以某種藉口製造衝突，或是利用多種形式向對方施加壓力；另一方面想方設法恢復常態，適當時可以讚美對方的審慎和細心。總之是要透過軟硬兼施的方法達成讓對方改變原來想法或觀點的目的。

B. 運用先例加以影響。雖然固執型債務人對自己的觀點有一種堅持到底的精神，但這並不意味著其觀點不可改變，只不過是不容易改變罷了。要認識到這一點，就不要在擬訂策略的時候自我設限。為了使債務人轉念，不妨試用先例的力量影響他、動搖他。例如催款人企業向其出示其他債務人的還款協議，或者法院執行完畢的判決書、調解書等。

6. 感情型客戶：從某種意義上來說，感情型債務人比強硬型債務人更難對付，而在國內企業中，這類型的債務人又是最常見的。可以說，強硬型債務人容易引起催款人的警惕，而感情型債務人則容易被人忽視，因為感情型性格的人在談話中十分隨和，能迎合對方的興趣，在不知不覺中把人說服。

為了有效地對付感情型債務人，必須利用他們的特點及弱點制訂策略。感情型債務人的一般特點是對人友善、富有同情心，專注於單一的具體工作，不適應衝突的氛圍，對進攻和粗暴的態度一般是迴避。針對以上特點，可採用下面幾種策略：

A. 以弱勝強。在與感情型債務人進行清債協商時，柔弱往往勝於剛強，所以應當採用以弱勝強的策略。催款人或催款人要訓練自己，培養一種謙虛的習慣，多說：「我們企業很困難，請你支持。」「我們面臨停產的可能。」「拖欠貨款時間太長了，請你考慮解決。」「能不能照顧我們廠一些。」以此動搖感情型債務人，為達成協議提供機會。

B. 恭維。從感情型債務人的自身特點來說，他們較其他類型的債務人更注重人緣，更希望得到催款人的承認、受到外界的認可，同時也希望債權方了解自身企業的困難。因此，說一些讓對方產生認同感的讚美，對於具有感情型債務人非常有效，比如債權企業的清債人員可以說：「現在各企業資金都很困難，你們廠能做得這麼好，全在於你們這些承辦人員。」「你們這個行業垮掉不少企業了，你們還能撐過來，很不錯。」

C. 有禮有節的進攻態度。與感情型債務人協商債務清償時，催款人應當在協商一開始就創造一種公事公辦的氣氛，不與對方過分熱絡，在感情方面保持適當的距離。與此同時，可就對方的還款意見提出反問，以引起爭論，如「拖欠這麼長時間，利息誰承擔」等，這樣就會使對方感到緊張。注意不要激怒對方，因為債務人情緒不穩定，就會主動回擊，一旦和他們撕破臉，催款人很難再指望透過商談取得結果。

催收帳款因地制宜

收回欠款是做銷售的核心工作之一，也是企業生存、發展的要素之一，只有不斷提升收款效率，不斷提升業績，企業才能健康發展，銷售人員才能快速進步。

某紡織公司是一家私營企業，老闆劉禹津因為傳奇創業史成為當地一位威望很高、有頭有臉的人物。2015 年，該公司和一服裝廠簽訂一批價值 100 萬元的布料的合約，約定服裝廠分期付款給紡織公司。紡織公司按合約把布料發給了服裝廠，可是卻遲遲沒有見到服裝廠的付款。對一個私營企業來說，100 萬元足以讓企業垮臺，所以劉禹津就派人去催款，可是一直沒有效果。

原來，2015 年這家服裝廠正處於「換血」階段，兩任廠長誰也不想去還這筆欠款。劉禹津得知後，決定親自出面。2016 年元旦是這家廠成立 10 週年的紀念日，也是新廠長上任的好日子，服裝廠要舉行盛大的紀念典禮。在典禮上，劉禹津邁步上前直向新廠長道喜：「恭喜恭喜，廠長真是年輕有為啊。我是你們廠的一個合作企業的員工，今天代表我們廠前來向您以及你們廠道喜了。」劉禹津是出了名的大嗓門，他這一道喜，很多人的目光都轉移到了他和新廠長身上。新廠長還沒有明白這個人是怎麼出現在這的，劉禹津又開始說話了：「廠長，你們廠發展前景真是一片光明啊。我們廠就不一樣了，現在連員工薪水都發不出來。我們廠長和我說了，今天是您新廠長上任的日子，他說您這個廠長是一個知大理的人，一上任就會給我們一個驚喜的。今天看到廠長這麼有精神，我就知道，廠長一定是個爽快的人。」全場的人都在看著劉禹津和這位新廠長。其實這位新廠長早在幾個月前就在管理廠裡的業務，當然知道這筆欠款。他看到劉禹津的這一舉動，知道這個人不好惹，並且當著這麼多人的面他也不好說什麼，只有說：「我也剛上任，很多事我也不是很清楚，一會兒我們再談。」但劉禹津不吃這一套，他又說：「我記得半年前你們廠給我們的交貨單上面寫的廠長就是您啊，還是您親自簽的名呢。」廠長知道這樣下去只會讓人看熱鬧，況且這裡還有好多自己的客戶，所以只有悄悄地把會計找來，給了劉禹津一張100萬元的支票，當場把劉禹津廠的欠款還清了。

從上面的案例中可以看到，有效地利用場合，對欠款的催收有著多麼大的作用！一些特殊或者關鍵場合對於成功催收欠款的重要性，由此可見一斑。

那麼，銷售人員都可以借助哪些關鍵場合去催款呢？在這些場合中，銷售人員又應該採取什麼樣的對策去催收呢？

一般來說，對銷售人員催款比較有利的場合包括：約請對方催收、聚會上催收和喜慶場合催收等。在催款時，銷售人員根據不同的場合採用不同的應對方式，將可以收到意想不到的效果，進而實現輕鬆收款的目標。

需要注意的是，由於場合不同，巧施催款的手法和方式也應該有所區別。所以在催款之前，銷售人員就應清楚地知道各種場合催款的技巧和利弊。只有這樣，銷售人員才能及時發現機會並「對症下藥」，施展手法「迫使」客戶就範。不然，輕則把自己弄得灰頭土臉，自取其辱；重則惹惱對方，致使催款目標泡湯。

1. 約請對方催收

所謂請進來的策略，就是催款人在自己的大本營向債務人催款。它非常適合這種欠款情形—債務人不能按合約約定的期限還債，他們一般不會害怕與催款人見面，不會躲避催款人，甚至有的還會主動拜會催款人，向催款人說明情況，爭取得到催款人的理解和同情，爭取得到債權人同意、緩期履行債務的允諾。

採用請進來的策略，最關鍵的是「請」的方式和「請」的時間，只要債權人請的方式巧妙、請的時間恰當，債務人通常會愉快地接受邀請，而債權人則能順利地達到催款的目的。需要提醒催款人的是，不要等到債務人不還債的時候才想辦法去向對方追討。為此，在債務合約的期限快到之時，債權人就要把債務人請進自己的大本營，暗示對方要遵守債務合約的約定、按時清償到期債務。

從我們所接觸的催款實例來看，一些聰明精幹的催款人大多採用這種方式達到催款的目的。更有一些老練的催款人在債務合約快到期限之際，邀請債務人到府上商談另一筆生意，或者表示極大的興趣準備和債務人再合作一次（當然其前提自然是要債務人先將快到期限的債務了結），只要有利可圖，任何一個債務人都會樂意合作。這樣催款人便會很輕鬆地達到索要債務的目的。

另外，催款人務必意識到，他和債務人的法律地位是平等的，不存在誰帶領誰、誰管理誰的問題。因此催款人在採用請進來的策略時，務必友好地以「前來參加聯誼會、討論會、交易會」等名義邀請債務人。若直接通知債務人「務必於什麼時間」到催款人府上「就相關債務問題進行磋商」，勢必在債務人心理上造成一種叛逆、對抗的情緒，導致對方拒絕合作。

2. 不期而遇催收

為了躲避債務糾纏，許多債務人經常在外「出差」，致使催款人很難找到他。遇到這種情況，催款人並非束手無策、無所作為。只要催款人知難而上，善於創造並及時抓住機會，總會達到催款目的。所謂「機會」，就是怎樣尋找債務人，又怎樣在不期而遇的場合纏住對方催要欠款。

不期而遇的場合很多，比如在火車、捷運、飛機等交通工具上，或者在一些公眾場所、社交場合。這時，催款人切忌感情衝動而出現一些激烈言詞和過火行為。首先是要沉著、穩重、冷靜，對債務人應當像久別的朋友意外相遇那樣熱情、有禮貌。等債務人在你的感染之下擺脫窘境後，再有禮有節、綿裡藏針地向債務人講明自己對債務清償的要求。債務人假如對催款人不斷哀求，或者動之以情、欺瞞哄騙，催款人務必記住一點：債務人不答應立即履行債務，你就一直和他糾纏下去，直到他答應立即履行債務為止。

另外，還有一種表面上是不期而遇，實際上則是有意相會的「邂逅」。這就是催款人經過調查、知道了債務人的去向，然後跟蹤而至。一般說來，債務人單純為躲債而出去觀光旅遊的不多，特別是一些企業的負責人，他們大多是躲債的同時又開展新業務。因此假如催款人跟蹤而至，且纏住不放，勢必對他的業務活動造成不良影響，在這種情形下，「不期而遇」的催款方式往往會產生奇效。

3. 各種聚會上催收

在現代社會中，每一個社會成員都處在縱橫交錯的關係網中。催款人或者債務人也不例外。特別是在商業活動基礎上建立起來的複雜而廣泛的社會關係，必然要求人們以各式各樣的社交、聚會來加以維持。如果催款人在其他場合找不到債務人、或者見到了但沒有機會催款，那麼催款人就可以利用各種聚會、社交場合向債務人實施催款行為。

需要注意的是，催款人在這樣的場合實施催款行為，更要做到有禮有節；因為催款人的言行舉止是否符合禮儀要求，將會決定他是否被參加聚會的人接受。如果催款人舉止粗魯、出言不遜，很容易遭到人們譴責，從而在催款時不會贏得人們的同情和支持。可以說，在聚會和社交場合催款要求催款人具備出色的公關能力，才能達到預期的目標。

4. 喜慶場合催收

在經濟生活中，一旦債權債務關係產生，那麼催款人就要密切注意債務人的重大行動。只有這樣，催款人才能抓住時機催討債務。特別是當債務人遇到重大喜事時，催款人或債權人在這種喜慶場合抓住時機索要欠款往往會產生特殊的效果。

比如當債務人舉行隆重的慶典（如公司週年慶、新產品上市、慶祝銷售業績）時，催款人或債權人前去賀喜，可以把握住適當的時機巧妙地向債務人提醒或催討債務。債務人心情高興之時常常都會有「慷慨之舉」。但是需要指出的是，催款人不要懷有敵意或抱著搗亂的態度出席債務人的喜慶活動，因為這很容易引起債務人強烈的反感和對抗情緒，使彼此之間的關係僵化甚至惡化，那麼債務合約就會更加難以履行。

總之，無論在哪種場合下催款，關鍵是銷售人員要把握好時機，並根據不同的情況決定催款的場合，同時在能夠催款的場合又能善於製造機會、把握時機催款。只有這樣，才會成功收回欠款。

勸敗行銷學，懂聊才叫懂行銷：

及時讚美 × 推拉行銷 × 適當施壓，讓顧客快樂包色的銷售話術

作　　者：黃榮華，周瑩瑩
發 行 人：黃振庭
出 版 者：崧燁文化事業有限公司
發 行 者：崧燁文化事業有限公司
E-mail：sonbookservice@gmail.com
粉 絲 頁：https://www.facebook.com/sonbookss/
網　　址：https://sonbook.net/
地　　址：台北市中正區重慶南路一段六十一號八樓 815 室
Rm. 815, 8F., No.61, Sec. 1, Chongqing S. Rd., Zhongzheng Dist., Taipei City 100, Taiwan
電　　話：(02)2370-3310
傳　　真：(02)2388-1990
印　　刷：京峯彩色印刷有限公司（京峰數位）
律師顧問：廣華律師事務所 張珮琦律師

定　　價：320 元
發行日期：2022 年 06 月第一版
◎本書以 POD 印製

國家圖書館出版品預行編目資料

勸敗行銷學，懂聊才叫懂行銷：及時讚美 × 推拉行銷 × 適當施壓，讓顧客快樂包色的銷售話術 / 黃榮華，周瑩瑩著 . -- 第一版 . -- 臺北市 : 崧燁文化事業有限公司，2022.06
面；　公分
POD 版
ISBN 978-626-332-395-7(平裝)
1.CST: 銷售 2.CST: 銷售員 3.CST: 行銷策略
496.5　　111007594

電子書購買

臉書